Información legal

© 2023
Autor y editor: M.Eng. Johannes Wild
A94689H39927F
E-Mail: 3dtech@gmx.de

Los datos completos del autor del libro se encuentran en las últimas páginas

Esta obra está protegida por los derechos de autor

La obra, incluidas sus partes, está protegida por los derechos de autor. Cualquier uso fuera de los estrechos límites de la ley de derechos de autor no está permitido sin el consentimiento del autor. Esto se aplica en particular a la reproducción electrónica o de otro tipo, la traducción, la distribución y la puesta a disposición del público. Ninguna parte de esta obra puede ser reproducida, procesada o distribuida sin el permiso escrito del autor.

Toda la información contenida en este libro ha sido recopilada y comprobada cuidadosamente según nuestro leal saber y entender. Sin embargo, el editor y el autor no garantizan la actualidad, corrección, integridad y calidad de la información proporcionada. Este libro tiene únicamente fines educativos y no constituye una recomendación de actuación. El uso de este libro y la puesta en práctica de la información contenida en el mismo se realiza expresamente por cuenta y riesgo del usuario. En particular, no se ofrece ninguna garantía o responsabilidad por daños de carácter material o inmaterial por parte del autor y del editor por el uso o no uso de la información contenida en este libro. Este libro no pretende ser completo ni estar libre de errores. Quedan excluidas las reclamaciones legales y las reclamaciones por daños y perjuicios. Los operadores de las respectivas páginas web son los únicos responsables del contenido de las páginas web impresas en este libro. El editor y el autor no tienen ninguna influencia en el diseño y el contenido de los sitios web de terceros. Por lo tanto, el editor y el autor se distancian de todo contenido externo. En el momento de la utilización, no había ningún contenido ilegal en los sitios web. Las marcas y nombres comunes citados en este libro son propiedad exclusiva del autor o del titular de los derechos respectivos.

Precaución: **La electricidad, especialmente la corriente alterna y las altas corrientes, son peligrosas para la vida. Permita que los trabajos prácticos sean realizados únicamente por personas que hayan sido formadas profesionalmente para ello. No se acepta ninguna responsabilidad si se imita el contenido de este libro.**

Índice de contenidos

1 Introducción

La energía fotovoltaica puede entenderse como el proceso de conversión de la luz solar en electricidad utilizable. Este tipo de generación de electricidad -junto con otras energías renovables como la eólica y la hidroeléctrica- ha experimentado un fuerte crecimiento en los últimos años debido a su tecnología respetuosa con el medio ambiente. La generación de energía a partir de la luz solar mediante células fotovoltaicas puede ser tanto independiente como conectada a la red. Más adelante descubriremos qué significan estos dos términos. Las células fotovoltaicas suelen denominarse coloquialmente células solares y un sistema fotovoltaico suele denominarse sistema solar. Sin embargo, este término general también se utiliza para las células solares que se utilizan para calentar agua (solar térmica). Sin embargo, hay una diferencia clara y significativa entre estos dos sistemas (fotovoltaico y solar térmico), tanto en términos de construcción como de funcionamiento. De hecho, son sistemas completamente diferentes (a menos que utilices un sistema fotovoltaico en combinación con una barra de calefacción para calentar el agua). Lo único que tienen en común es que ambos sistemas utilizan la energía radiante del sol. La fotovoltaica utiliza esta energía para generar electricidad y la solar térmica para calentar agua.

Los sistemas fotovoltaicos (PV = photovoltaics) están muy extendidos en todo el mundo, tanto a escala muy pequeña, por ejemplo, como una central eléctrica de balcón con un solo módulo fotovoltaico que se conecta al propio enchufe de la casa, como a escala comercial, por ejemplo, como una granja solar que cubre varias hectáreas. En los sistemas fotovoltaicos, la eficiencia de la generación de electricidad depende, por un lado, de las condiciones meteorológicas (radiación solar) y, por otro, del diseño del sistema. Para conseguir el máximo rendimiento energético, siempre hay que realizar un análisis de rendimiento.

El coeficiente de rendimiento es uno de los factores de calidad más importantes para evaluar el rendimiento de un sistema fotovoltaico. Este llamado coeficiente de rendimiento ("Performance Ratio") es básicamente la relación entre el rendimiento posible (objetivo) de la potencia instalada de un sistema fotovoltaico y el rendimiento real (efectivo). Pero más adelante se hablará de esto.

Los módulos de un sistema fotovoltaico suelen estar fijos (en un ángulo determinado). Sin embargo, también existen nuevas tecnologías que permiten al sistema fotovoltaico seguir el curso del sol para estar siempre alineado de forma eficiente. Los sistemas fijos suelen instalarse en un ángulo que permite la máxima generación de electricidad. El ángulo de inclinación de los módulos solares depende de la ubicación de la instalación fotovoltaica. Por ejemplo, si el sistema fotovoltaico está situado en el hemisferio sur (es decir, al sur del ecuador: por ejemplo, Sudáfrica, Australia, Argentina), puede ser adecuada una orientación hacia el norte. Esto se debe a que en el hemisferio sur -al sur del trópico más meridional- el sol está en el norte durante el día (al mediodía) en lugar de en el sur, como en Europa o EEUU. Europa, Canadá, EE.UU. y México están en el hemisferio norte, por lo que un sistema fotovoltaico orientado al sur es adecuado aquí (normalmente).

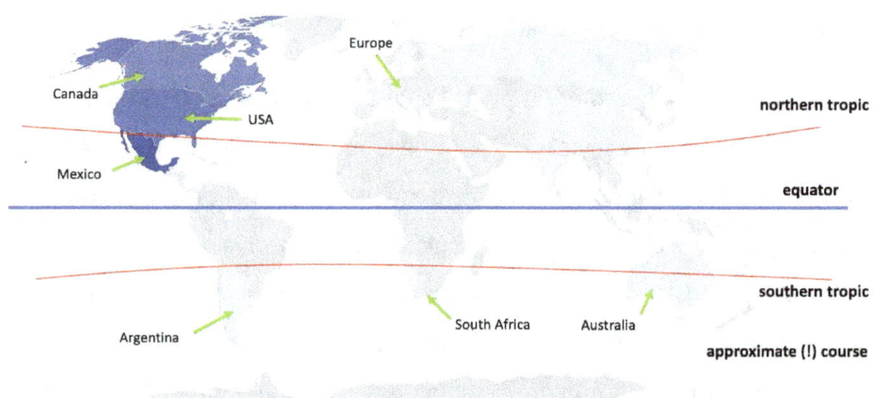

En los sistemas fotovoltaicos con seguimiento (alineación flexible), se utiliza un algoritmo especial para mover los módulos fotovoltaicos siguiendo el curso del sol. En este caso, los módulos fotovoltaicos se alinean normalmente hacia el este por la mañana (salida del sol) y se desplazan del este al oeste (curso del sol). De este modo, los módulos fotovoltaicos se orientan óptimamente hacia el sol durante todo el día. Esto contribuye a una mayor generación de electricidad. Además, también se utilizan nuevas tecnologías en los propios módulos para mejorar la eficiencia del sistema y aumentar así la generación de electricidad. Aquí se pueden mencionar, por ejemplo, los módulos solares bifaciales. La particularidad de estos módulos es que no sólo pueden ser irradiados con luz solar por un lado, sino que también pueden generar electricidad por ambos lados del módulo. En una determinada disposición, por ejemplo, los rayos del sol que pasan por la célula y llegan al suelo pueden reflejarse en la parte posterior de los paneles fotovoltaicos y, por tanto, utilizarse también para generar electricidad.

Desde principios del siglo XIX, la mayor parte de la energía del mundo se ha generado con combustibles fósiles y energía nuclear. Debido a la disminución de los recursos de los combustibles fósiles y a sus efectos nocivos para el medio ambiente, es de enorme importancia impulsar un giro energético con la ayuda de fuentes alternativas para la producción de energía. Como la demanda de energía sigue aumentando en un mercado energético restringido, la energía solar se considera una de las formas más importantes de generar electricidad sostenible. Para cada nación e incluso para cada hogar, es indispensable una fuente de energía limpia y barata para la producción (bienes de consumo) y el suministro (cocina eléctrica, frigorífico, ...). Este libro pretende ayudarnos, como individuos, a no esperar el giro político de la energía, sino a darle forma activamente satisfaciendo nuestras propias necesidades energéticas con la ayuda del sol. A continuación, comenzaremos con los fundamentos electrotécnicos más importantes para el tema de la fotovoltaica. Más adelante, veremos los distintos tipos de módulos fotovoltaicos, la instalación de los módulos fotovoltaicos, la construcción de un sistema fotovoltaico conectado o no a la red, con o sin almacenamiento en baterías, todos los componentes necesarios, así como la composición concreta de los componentes para planificar tu propio sistema solar. Dos ejemplos prácticos completan el contenido del libro en los últimos capítulos.

2 Fundamentos de ingeniería eléctrica y fotovoltaica

2.1 Conceptos básicos de ingeniería eléctrica

En este capítulo hablaremos de algunos términos básicos de ingeniería eléctrica que son importantes para entender cómo funcionan los sistemas fotovoltaicos y cómo se calculan. Ten en cuenta que esto sólo puede ser una breve introducción a la ingeniería eléctrica. Si aún no tienes conocimientos en este campo, debes consultar previamente un libro de referencia de ingeniería eléctrica.

La ingeniería eléctrica se basa en gran medida en dos magnitudes físicas fundamentales que ya se estudian en la escuela: la carga y la energía (trabajo). André Ampere fue el primero en descubrir estas propiedades de la electricidad, que se utilizan en forma de corriente y tensión para el análisis de los circuitos eléctricos y electrónicos.

2.1.1 La carga eléctrica

La carga eléctrica, medida en culombios (C) y descrita por la letra **Q** (o q), es una cantidad física que tiene la propiedad de experimentar una fuerza cuando se sitúa en un campo electromagnético. ¿Qué significa esto y qué es un campo electromagnético? Un campo electromagnético está compuesto por un campo eléctrico y un campo magnético, que están acoplados. Es un tipo de estado del espacio o una zona en la que hay cargas aceleradas. Los seres humanos no pueden percibir los campos electromagnéticos de forma diferenciada con sus órganos sensoriales, a excepción de la gama visible, que todo el mundo percibe como luz. Hoy en día, es difícil imaginar la vida sin campos electromagnéticos. Por ejemplo, todos los microondas funcionan con las microondas del mismo nombre y todos los teléfonos móviles también funcionan con la radiación de microondas. El inversor de un sistema fotovoltaico también genera un campo electromagnético.

Hay dos tipos de cargas: positivas (+) y negativas (-). Las cargas iguales se repelen, las desiguales se atraen. Entramos en contacto con las cargas en nuestra vida cotidiana más a menudo de lo que pensamos. Quién no conoce el crujido y el pelo revuelto cuando se quita el jersey de lana de la abuela. O la pequeña descarga eléctrica al tocar el pomo de una puerta o una pieza metálica si la combinación entre la suela del zapato y el revestimiento del suelo (por ejemplo, la suela de goma y la alfombra) es desfavorable. El origen de estas experiencias cotidianas son los cargos. Todo objeto tiene cargas positivas y negativas que normalmente están en equilibrio. Sin embargo, a través de los procesos de fricción al ponerse la ropa o caminar, este equilibrio de cargas se desplaza y se crea una tensión eléctrica. Si los pelos se cargan al ponerse el jersey de lana, se quedan pegados en cualquier sitio (atracción) o parecen flotar porque se repelen. Esto ocurre debido a la carga igual u opuesta (dos cargas iguales se repelen, dos cargas diferentes se atraen).

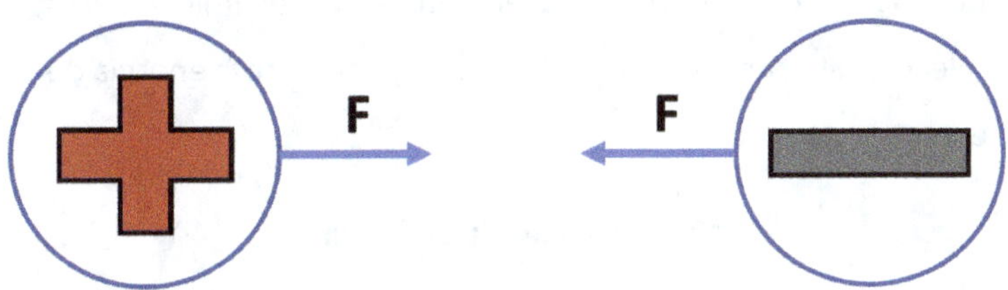

2.1.2 La tensión eléctrica

La tensión es otra magnitud fundamental en la ingeniería eléctrica. La **tensión U** (unidad: voltio) puede entenderse como el cambio de energía (o trabajo W) de una carga en movimiento. Así, si una carga de 1 culombio experimenta un cambio de energía de 1 julio, esto significa que hay un cambio de energía de 1 voltio. También llamamos a esto **diferencia de potencial** (entre dos puntos del campo eléctrico). La tensión se describe matemáticamente como

$$U(t) = \frac{dW}{dQ} = \frac{J}{C} = Volt$$

2.1.3 La corriente

La corriente eléctrica se define como cargas en movimiento, o se expresa de otra manera como Flujo de electrones por unidad de tiempo. La corriente eléctrica se designa con la letra I y su unidad con la letra A de amperio. La corriente se describe matemáticamente como

$$I(t) = \frac{dQ(t)}{dt} = \frac{C}{s} = \text{Ampere}$$

El flujo de la corriente depende generalmente del tipo de material conductor. En los conductores, el flujo se debe al flujo de electrones, mientras que el flujo de electrones en los semiconductores se debe a la interacción de huecos y electrones. Pero llegaremos a eso en un momento.

La corriente puede considerarse simplemente como el flujo de cargas en un conductor eléctrico. La tensión, en cambio, es simplemente la energía de una carga que fluye en este conductor.

2.1.4 La energía eléctrica

Además de los dos parámetros básicos de la tensión y la corriente, también tenemos que manejar el concepto de **potencia**. Por ejemplo, seguro que te has fijado en que aparatos domésticos como las bombillas, las fuentes de alimentación de los ordenadores, los microondas o los aparatos de aire acondicionado, por ejemplo, tienen la indicación 100 W o 250 W. La letra W significa vatio, la unidad de potencia. La letra W significa vatio, la unidad de potencia. La **potencia P** se define como el trabajo por unidad de tiempo. La potencia indica cuánta energía suministra o consume un componente. La potencia puede describirse matemáticamente como

$$P = \frac{dW}{dt} = \frac{dQ}{dt} \cdot \frac{dW}{dQ} = U \cdot I$$

En la vida cotidiana y en el ámbito de la energía fotovoltaica, te encontrarás a menudo con la unidad **kWh.** Un **kWh** es simplemente la abreviatura de 1000 vatios multiplicados por una hora. Por tanto, 1 kWh es la energía que absorbe o emite en una hora un aparato con una potencia de 1000 vatios. Para decirlo de forma aún más sencilla: Si una bombilla, de 20 W, funciona continuamente durante 50 horas, consume una energía de 1 kWh (20 x 50 = 1000). Para esta bombilla, 20 W significa el consumo de energía de 20 J en 1 segundo, y 1 kWh sólo significa el consumo de 20 W de energía durante 50 horas.

2.1.5 La corriente continua (CC):

Con la **corriente continua** (**DC** = "direct current"), el sentido del flujo de los electrones (o la polaridad) permanece igual a lo largo del tiempo. Hoy en día, la corriente continua se limita sobre todo a las aplicaciones de baja tensión. La razón por la que la corriente continua es ineficaz para transmitir electricidad (por ejemplo, en un poste de electricidad) es también un tema interesante, pero no lo analizaremos aquí. Las baterías y también los módulos fotovoltaicos suministran corriente continua. La corriente alterna, en cambio, procede del enchufe doméstico habitual. Veremos cómo se produce la transferencia de la corriente continua a la corriente alterna cuando veamos más de cerca la tecnología fotovoltaica.

2.1.6 La corriente alterna (CA):

La corriente alterna (**AC** = "alternating current") varía sinusoidalmente con el tiempo. La siguiente figura muestra una onda sinusoidal. Estos tipos de ondas tienen un **periodo** y una **fase**. En pocas palabras, el periodo es el tiempo tras el cual se repite el patrón de una onda. Una función seno simple f(x)=sin(x) tiene un periodo de 2π. El término fase describe el desplazamiento de una onda. Por ejemplo, la onda roja de la siguiente figura está desplazada π/2 hacia la derecha en el eje x, por lo que su fase es π/2. En la fórmula de la función, esto se expresa con el término -π/2. La **frecuencia** de una onda sinusoidal es el recíproco de su periodo. La frecuencia se mide en Hertz, llamada así por el físico alemán Heinrich Hertz. 1 Hz corresponde a una oscilación por segundo, es decir, 1/s.

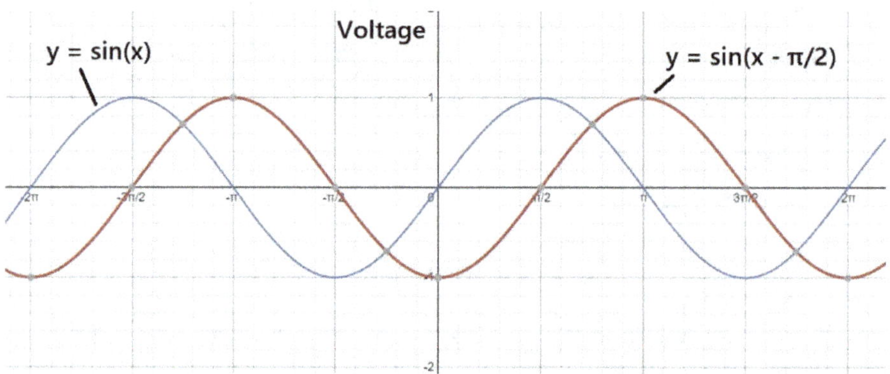

La frecuencia de la electricidad doméstica es de 50 Hz o 60 Hz y varía según la región. 50 Hz significa que un ciclo puede repetirse 50 veces en un segundo. 50 Hz también significa que la onda de CA cruza la tensión cero (eje x en el sistema de coordenadas) 50 veces en un segundo, porque la dirección de la corriente/tensión de CA cambia, como ya se sabe. Si se decide utilizar corriente alterna en lugar de corriente continua, se puede cambiar fácilmente la tensión y la corriente con la ayuda de transformadores, con pocas pérdidas.

2.1.7 Medición de la tensión y de la corriente con un multímetro

En la práctica de la ingeniería eléctrica, a menudo utilizamos multímetros como instrumentos de medida. Los multímetros con dos conexiones pueden medir la tensión, la corriente, la resistencia, la capacidad y la inductancia. También pueden medir la polaridad de los transistores y realizar una prueba de continuidad con

12

ellos. La prueba de continuidad nos dice si un circuito está en cortocircuito o no.
Los multímetros sólo pueden medir una variable a la vez (como la corriente o la
tensión). Para medir varios parámetros, tenemos que utilizar varios dispositivos
individuales. La siguiente ilustración muestra un multímetro sencillo con los
diferentes rangos de medición. Dependiendo de lo que quieras medir, gira el dial
hasta el rango correspondiente.

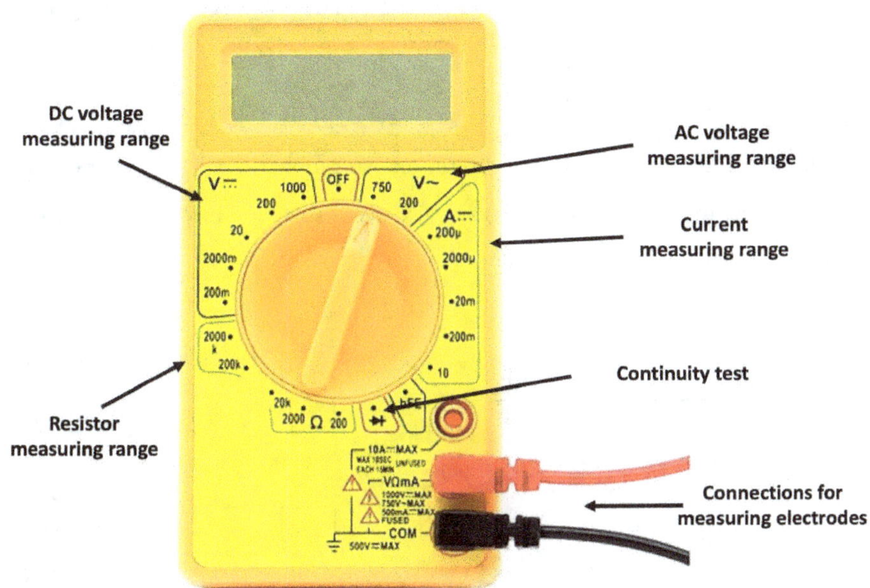

Cuando hagas una medición, empieza siempre con el valor más alto posible de
tensión o amperios o de resistencia y luego baja el ajuste de la pantalla hasta que
aparezca un valor adecuado. Esto significa, por ejemplo, que debes girar el rango
de ajuste a 200 voltios si estás haciendo una medición en una fuente de tensión
continua y sospechas de un valor entre 20 y 200 voltios.

Si quieres medir una tensión, tienes que conectar los electrodos de medición en
paralelo a la fuente de tensión o al componente que quieres medir. En el caso de
una bombilla, por ejemplo, funcionaría así:

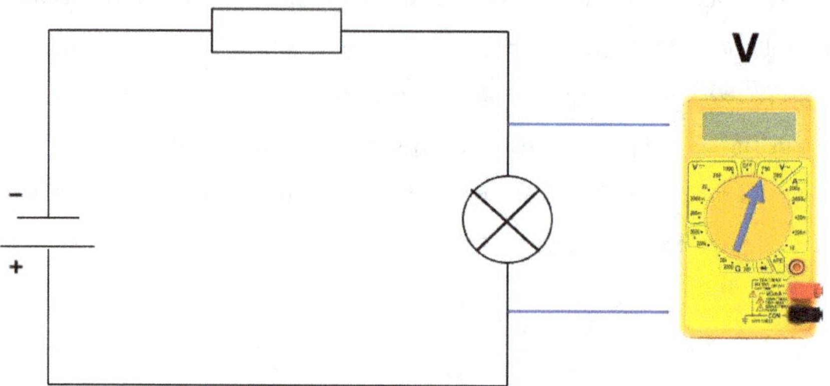

Y si quieres medir el amperaje de un consumidor, tienes que conectar el instrumento de medida (multímetro) en serie al consumidor, es decir, desconectar la línea. Entonces, esto funcionaría así:

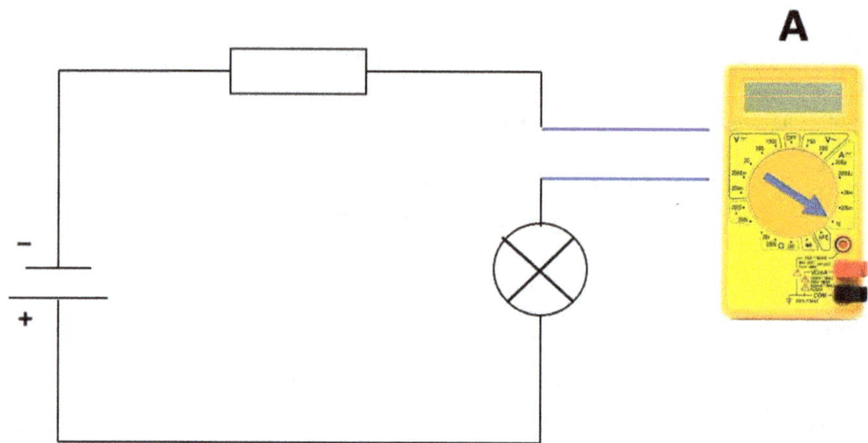

2.1.8 Conexión en serie y conexión en paralelo

Básicamente, puedes conectar los componentes eléctricos en serie o en paralelo, o crear una mezcla de conexiones en serie y en paralelo. A continuación, imaginemos varias pilas que conectamos en paralelo o en serie y veamos qué ocurre con los dos parámetros tensión y corriente.

<u>Conexión en serie de las baterías:</u>

Si las pilas se conectan en serie (conectar un polo "-" y uno "+" de cada una de las dos pilas), la tensión del circuito aumenta, pero la corriente sigue siendo la misma. La tensión total resultante se obtiene sumando las tensiones individuales. Es decir, en este ejemplo con cuatro baterías de 12V 110Ah: U_{res} = 12V + 12V + 12V = 48V.

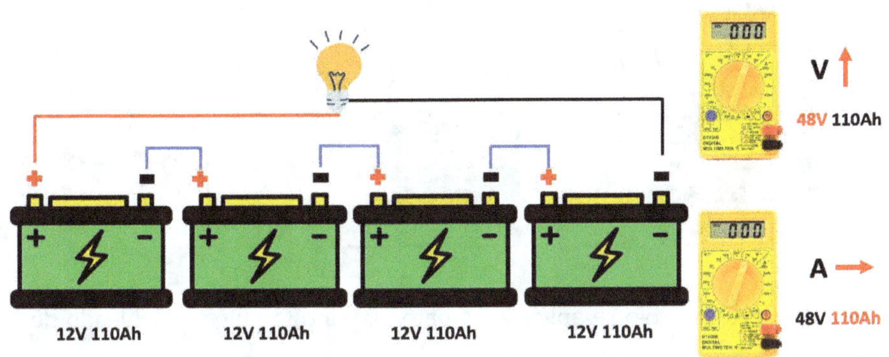

<u>Conexión en paralelo de las baterías:</u>

Si las pilas se conectan en paralelo (conectando todos los polos "+" o todos los polos "-" entre sí), la intensidad de la corriente del circuito aumenta, pero la tensión sigue siendo la misma, por lo que el efecto es exactamente el contrario al de la conexión en serie. El amperaje total resultante se obtiene sumando los amperajes individuales. Es decir, en este ejemplo con cuatro baterías de 12V 110Ah: I_{res} = 110Ah + 110Ah + 110Ah + 110Ah = 440Ah.

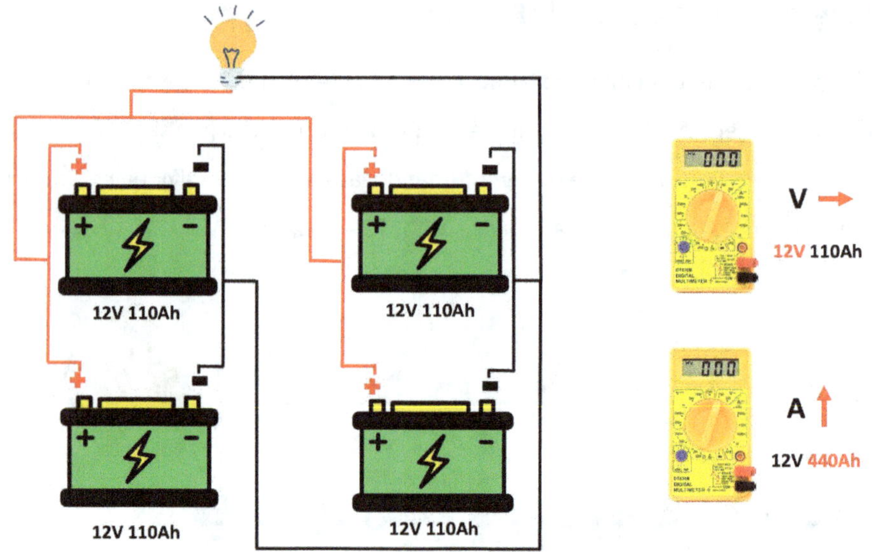

Por cierto, esto no sólo se aplica a las baterías, sino también al cableado de los módulos fotovoltaicos, por ejemplo. Sin embargo, lo veremos en detalle en un capítulo posterior.

2.2 Fundamentos de los semiconductores

Cuando se trata de energía fotovoltaica, no se puede evitar el término semiconductor. La razón es que la capa de una célula solar que es crucial para la producción de electricidad (capa fotoactiva) está formada por un material semiconductor. En esta sección echaremos un vistazo simplificado y breve a los fundamentos de los semiconductores.

Para entender los fundamentos de los semiconductores, veamos primero la estructura de un átomo, el bloque de construcción más pequeño de una sustancia.

A lo largo del tiempo, ha habido una gran variedad de modelos atómicos (por ejemplo, el modelo de la partícula esférica, el modelo atómico de Rutherford, el modelo atómico de Bohr...). Un modelo atómico sirve como representación visual del aspecto de un átomo. En la mecánica cuántica moderna se utiliza actualmente el llamado modelo orbital, pero es difícil de utilizar con fines explicativos. Un modelo popular y ampliamente utilizado para describir la estructura de un átomo es el modelo de cáscara, que se basa en el modelo atómico de Bohr. Esto será suficiente para nuestros propósitos aquí.

Un átomo tiene un núcleo cargado en el centro, formado por neutrones y protones. Los neutrones son neutros y no tienen carga, mientras que los protones tienen carga positiva. De este modo, la carga global del núcleo es positiva. El átomo en su conjunto es de nuevo una partícula neutra. Para que esto sea así, un átomo sigue necesitando electrones cargados negativamente como compensación. Un átomo tiene el mismo número de electrones y protones. Además, la carga del electrón (-) es igual a la carga opuesta del protón (+). Por tanto, las cargas se equilibran hacia la neutralidad.

En la actualidad, la multitud de modelos atómicos mencionados anteriormente se diferencian principalmente en el lugar en el que se encuentran los electrones y en cómo se mueven. El modelo de cáscara afirma que los electrones se sitúan en cáscaras alrededor del núcleo atómico y se mueven en ellas. Por tanto, los electrones no pueden moverse libremente en el espacio, sino sólo en trayectorias fijas. Puedes imaginar esta restricción de movimiento como un tren que sólo puede circular sobre raíles y tiene que seguirlos. Cada cáscara tiene un nivel de energía diferente. Los electrones que están en la capa más externa también se llaman **electrones de valencia**. Un movimiento de estos electrones de valencia significa un flujo de corriente eléctrica.

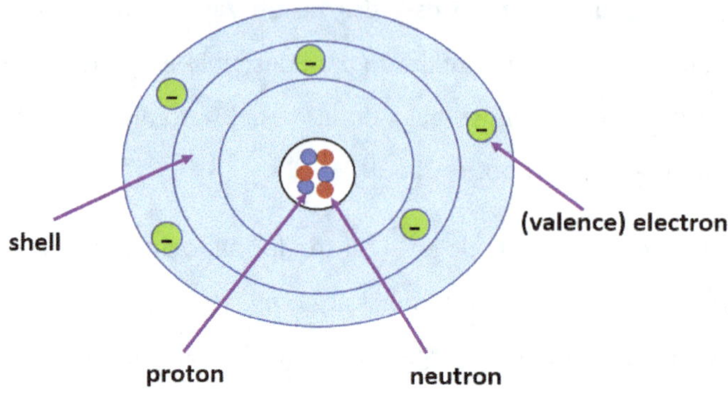

Los siguientes fundamentos pueden entrar en un poco más de detalle y pueden ser algo más difíciles de entender cuando se lee por primera vez y dependiendo de los conocimientos previos. Sin embargo, tiene sentido haber oído los términos importantes en relación con los semiconductores al menos una vez. ¡Así que sigue con ello lo mejor que puedas!

En términos sencillos, los **semiconductores** son materiales cuya conductividad eléctrica es inferior a la de los conductores (por ejemplo, el metal) y superior a la de los aislantes (por ejemplo, el plástico). De ahí el nombre de semiconductor (medio conductor). El silicio (Si) es el elemento más utilizado en la fabricación de componentes semiconductores. Las propiedades eléctricas de un semiconductor varían en función de las condiciones ambientales. Una propiedad decisiva de los semiconductores es el aumento de la conductividad eléctrica cuando se les suministra energía (energía solar en las células fotovoltaicas). Cuando se irradia con luz solar, se liberan electrones (que normalmente están en lugares fijos) y están disponibles para la conducción eléctrica. Esto crea los llamados agujeros. Lo veremos más detenidamente dentro de un momento. A diferencia de los conductores, la conductividad eléctrica de los semiconductores también aumenta con el aumento de la temperatura (los llamados conductores calientes). Para aumentar enormemente la conductividad de los semiconductores (factor 1.000.000), hay que añadir impurezas (otro elemento o átomos extraños). Este proceso de impureza, es decir, la adición de átomos extraños a los semiconductores, se llama **dopaje.**

Existen dos tipos de semiconductores, que se diferencian según el tipo de dopaje.

p dopaje:

Cuando un material semiconductor, como el silicio, se combina con otro elemento del tercer grupo principal de la tabla periódica (por ejemplo, el boro o el indio), se crea el llamado **agujero electrónico.** Simplificando, podemos imaginar que en este lugar de agujeros falta un electrón y que en su lugar están presentes las propiedades de un portador de carga móvil positivo (pero aquí sólo virtualmente, en contraste con los electrones). ¿Cómo funciona esto?

El elemento silicio tiene cuatro electrones (**electrones de valencia**) en su capa más externa. Varios átomos de silicio forman juntos una estructura cristalina en forma de red con cuatro electrones de valencia cada uno (es decir, un total de ocho electrones cada uno).

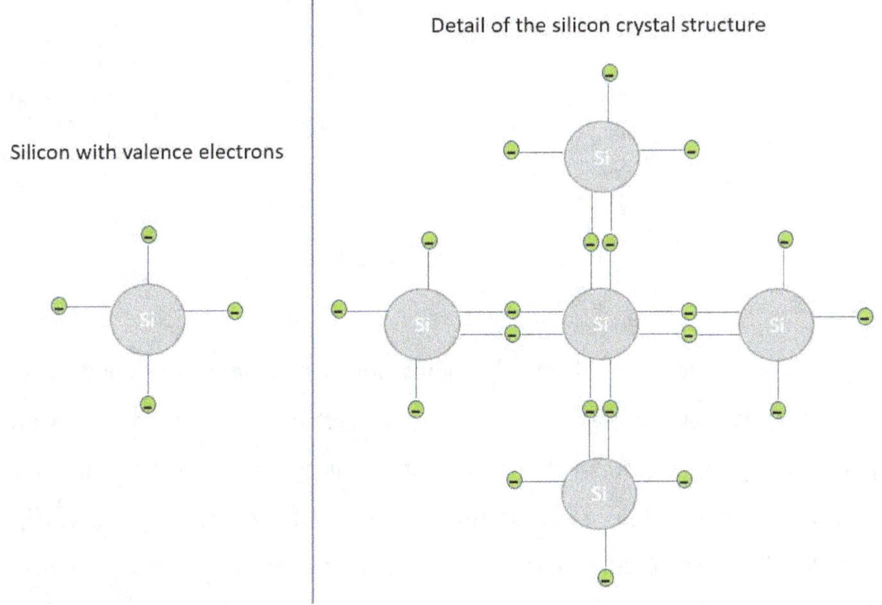

El boro, en cambio, sólo tiene tres electrones (electrones de valencia) en su capa más externa. Si, por ejemplo, el silicio está dopado con boro, tres electrones del boro ocupan tres posiciones de electrones libres en la capa más externa del silicio, pero en realidad se necesitan cuatro electrones, es decir, una posición queda desocupada. Esta posición vacía es el agujero del electrón ya mencionado. Es muy probable que los electrones del entorno acaben de llenar este espacio de agujeros (**recombinación**). Esto crea un agujero de electrones en otro lugar. El boro, por cierto, se llama **aceptor** porque acepta un electrón. <u>Nota</u>: En un **dopaje p,** los agujeros electrónicos positivos predominan en forma de portadores de carga.

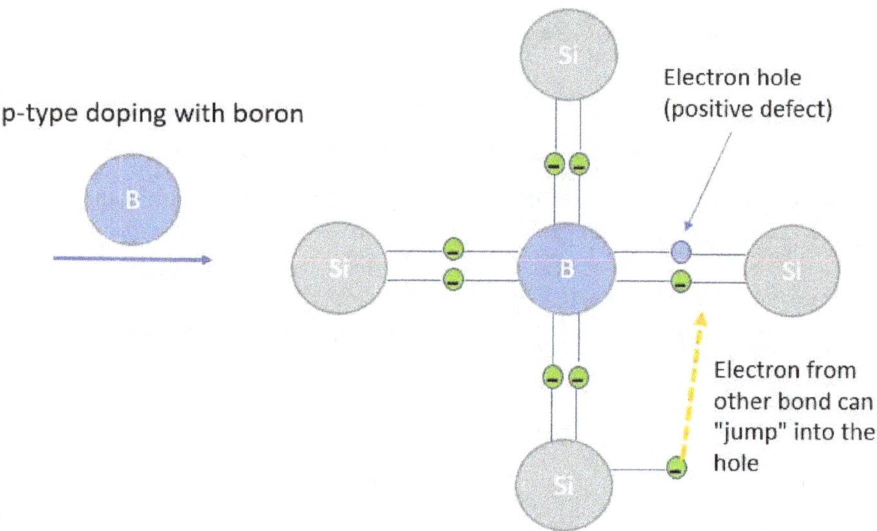

<u>**n dopaje:**</u>

Sin embargo, cuando el silicio se combina con un elemento del quinto grupo principal de la tabla periódica, que tiene cinco electrones en su capa más externa (por ejemplo, el fósforo), obtenemos un semiconductor de tipo n. En los semiconductores de tipo n, queda un electrón del elemento de impureza (por ejemplo, el fósforo). Cuatro de los electrones del fósforo ocupan lugares libres en la capa más externa del silicio, pero un electrón queda libre para moverse. El fósforo, por cierto, se llama aquí **donante** porque aporta un electrón. <u>Nota</u>: En el caso del **dopaje n,** los electrones negativos predominan en forma de portadores de carga.

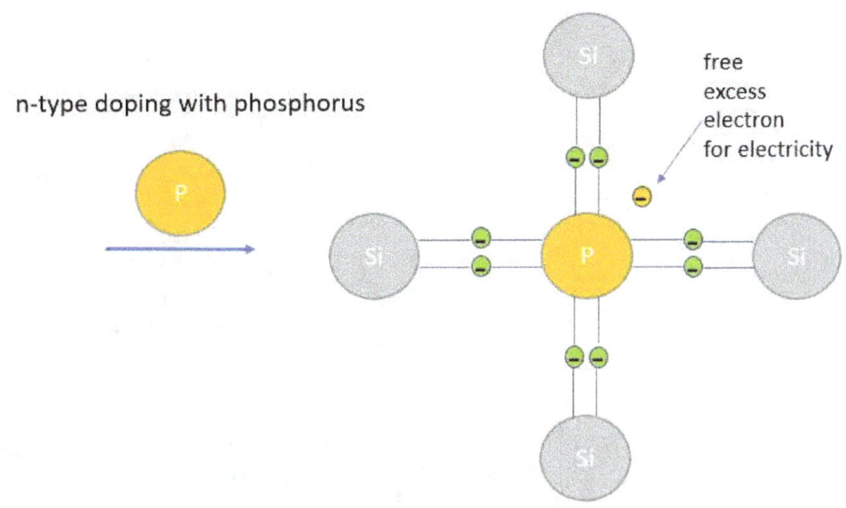

2.3 Fundamentos de la energía fotovoltaica

¿Qué es la energía fotovoltaica y cómo se genera la electricidad en un sistema fotovoltaico? En este capítulo queremos llegar al fondo de esta cuestión. El término fotovoltaico se compone del término "photos" (griego) para la luz y del término "voltaic". El término "voltaic" es por Alessandro Volta (físico italiano), que dio su nombre a la unidad de tensión (V), y por la propia unidad.

El principio básico de la fotovoltaica es el efecto fotoeléctrico. Albert Einstein retomó este efecto en 1905 y lo interpretó y explicó con el concepto de cuantos de energía. Simplificado, este efecto puede explicarse en relación con un sistema fotovoltaico como sigue: Nuestra luz solar está formada por fotones que, al incidir en una célula solar, liberan electrones de su superficie semiconductora y así, mediante el flujo de electrones, generan electricidad. Cuando un fotón choca con un electrón, éste se desplaza y deja un hueco (agujero electrónico). Como sabemos, este flujo de electrones equivale a un flujo de corriente.

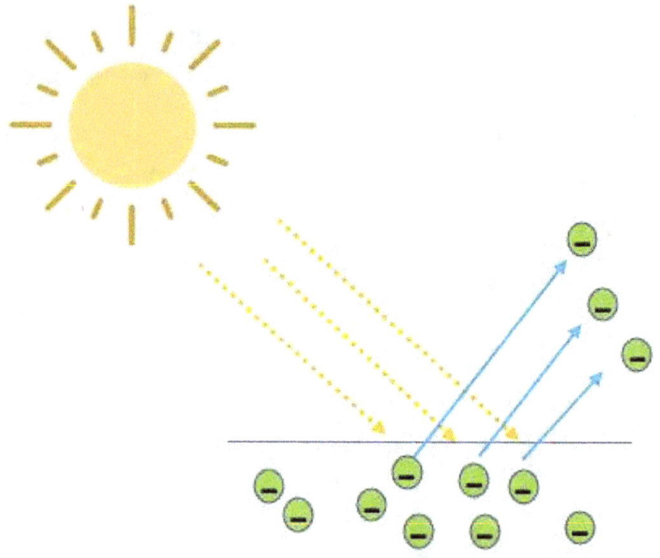

Toda radiación electromagnética (la luz también es una radiación electromagnética) se cuantifica en fotones. Los fotones tienen diferentes niveles de energía y diferentes longitudes de onda. Los fotones con longitudes de onda más cortas tienen mayor energía. Los fotones ceden su energía a los electrones en el impacto.

La estructura básica de una célula fotovoltaica es una unión p-n que genera corriente continua al absorber la radiación solar. Lo veremos con más detalle dentro de un momento. Como el voltaje y la potencia resultantes de una sola célula son bajos, se conectan varias células en serie y en paralelo para formar un módulo solar completo, también conocido como módulo fotovoltaico.

Es importante mencionar en este punto que los módulos solares, en primer lugar, sólo generan corriente continua, pero nuestros electrodomésticos necesitan corriente alterna. Para convertir la corriente continua en corriente alterna, se utilizan uno o varios inversores, según el tamaño del sistema. Pero más adelante hablaremos de ello.

2.4 Estructura de un sistema FV, un módulo FV y una célula FV

Un sistema fotovoltaico está formado por un gran número de células fotovoltaicas, cada una de las cuales está conectada para formar un módulo fotovoltaico. Estos módulos fotovoltaicos se conectan a su vez en serie o en paralelo para formar las denominadas cadenas y conjuntos fotovoltaicos, que a su vez forman el sistema fotovoltaico final.

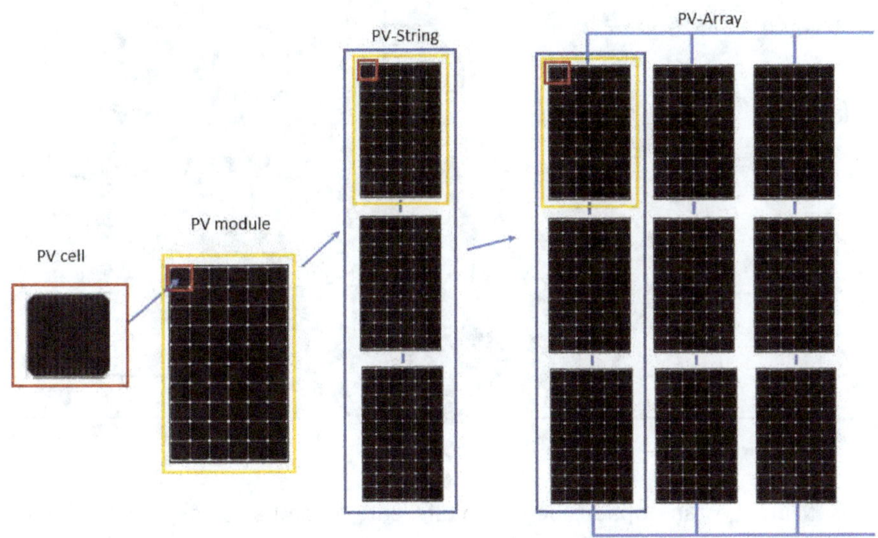

Antes de ver la conexión en serie o en paralelo de los módulos fotovoltaicos para formar cadenas y conjuntos, veremos primero la estructura de la unidad más pequeña, la célula fotovoltaica. Como ya sabemos, las células solares están formadas por materiales semiconductores dopados. La producción -en el caso de las células de silicio monocristalino- procede como sigue: En el primer paso, la arena de cuarzo (SiO_2) se convierte en silicio bruto. Este proceso tiene lugar a temperaturas muy altas. A partir de esta materia prima, se extrae el silicio más puro en otras etapas.

Además, el silicio monocristalino se produce a partir del silicio policristalino mediante el llamado proceso Czochralski. En este paso, el silicio también se dopa con átomos extraños (por ejemplo, boro y fósforo) para obtener material de tipo n y material de tipo p. En el último paso, el silicio se corta en placas circulares muy finas llamadas "Wafer".

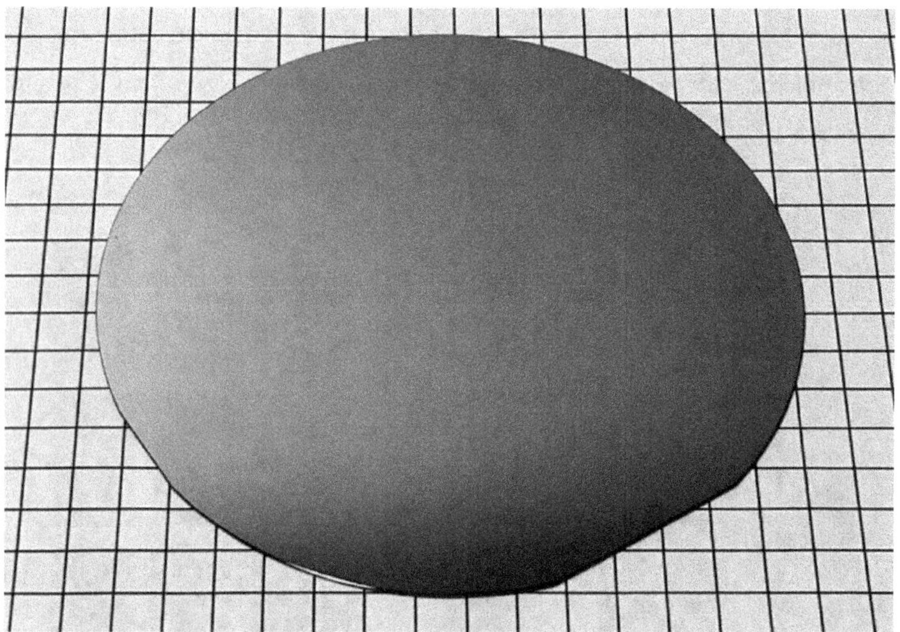

Estas "Wafer" están dopadas de forma diferente en ambas caras. A partir de ellos se puede producir una célula solar dopada con p-n.

Las células fotovoltaicas suelen estar formadas por obleas (wafer) muy finas con un grosor de sólo 0,1 mm. Con las consideraciones anteriores, ahora podemos ver la estructura esquemática de una célula fotovoltaica. Para ello, se juntan un material dopado con p y otro dopado con n, de forma que se obtiene una unión p-

n. La estructura esquemática de una célula fotovoltaica se describe en la siguiente figura:

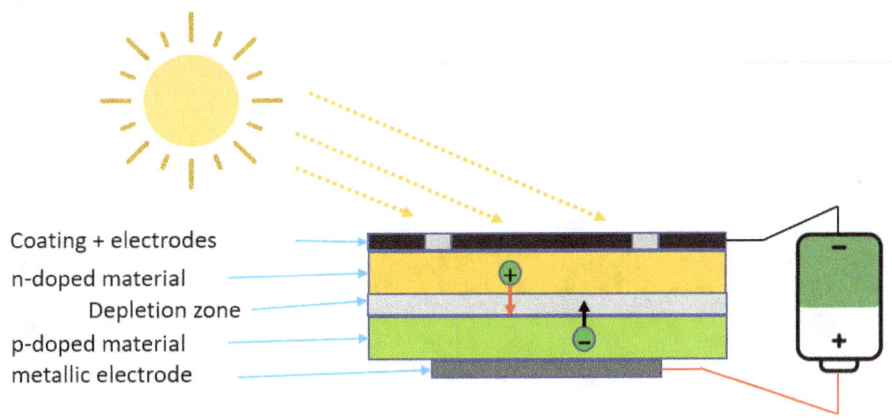

Si recordamos el comportamiento del material dopado con p y con n del capítulo 2.2, podemos ver ahora cómo se crea el flujo de corriente en una célula solar.

Los electrones superfluos de la capa n (excedente de electrones) llenan los huecos de la capa p (déficit de electrones) en el punto de contacto entre las dos capas. En esta zona (zona de contacto entre la capa n y la capa p) se forma la llamada capa límite (también: zona de agotamiento, zona de carga espacial, capa de unión).

Debido a este proceso, ahora faltan electrones en la capa n porque han migrado a la capa p como se ha descrito anteriormente. La capa n está ahora cargada positivamente (falta de electrones). La capa p, en cambio, está cargada negativamente (exceso de electrones).

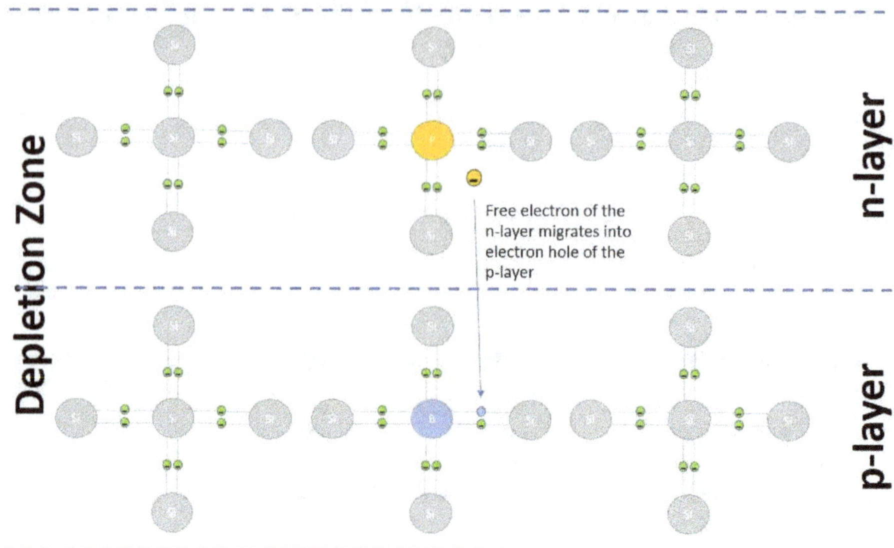

Ahora dejamos que el sol ilumine la capa límite de la célula solar. Como ya hemos aprendido del efecto fotoeléctrico, los fotones de la radiación solar pueden volver a disolver los electrones de la capa límite y se crean tanto agujeros como electrones libres. Los electrones liberados son atraídos por la capa n y se desplazan hacia arriba, donde pueden ser recogidos por un contacto metálico (electrodo). Los agujeros cargados positivamente, en cambio, parecen migrar a la capa p cargada negativamente (no hay movimiento real; sólo imaginación virtual). Aquí también hay un contacto que cierra el circuito con un consumidor. Este proceso crea el flujo de corriente (migración de electrones: electrones en movimiento = flujo de corriente). Sin embargo, durante esta migración, también ocurre en algunos puntos que los electrones libres llenan los huecos (recombinación; véase el capítulo 2.2) y, por tanto, ya no están disponibles para el flujo de corriente. Por lo tanto, se intenta mantener la recombinación lo más baja posible.

Por cierto, la capa n es mucho más fina que la capa p y, por tanto, es translúcida. Esto es lo que permite que los fotones lleguen a la capa límite en primer lugar. La migración de electrones (incluida la recombinación) se muestra de nuevo de forma esquemática en la siguiente figura:

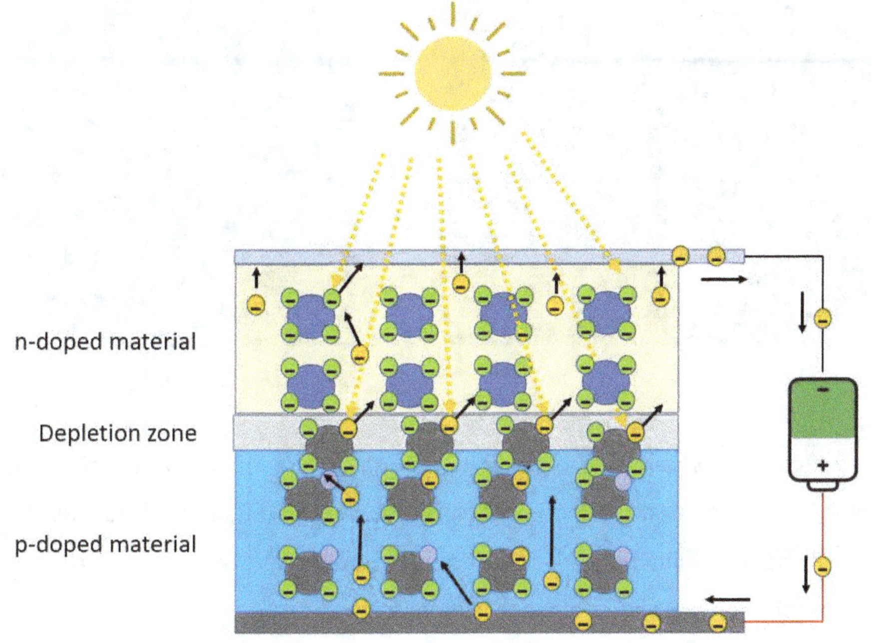

La mayoría de los módulos solares están formados por 60 ó 72 células. Sin embargo, también hay módulos con 36 células o incluso con 96 células. En la parte superior suele haber un revestimiento antirreflectante que da a la célula solar su característico color oscuro.

Los contactos eléctricos que conectan los módulos solares se llaman barras colectoras ("Busbars") y dedos ("Fingers"). El proceso de serigrafía se utiliza para imprimir estos contactos (normalmente de plata) en la cara que mira al sol de la célula solar. Estos contactos sirven para recoger o pasar los electrones que comienzan a fluir a través del proceso descrito anteriormente. Los "Finger" recogen la corriente continua y la pasan a las "Busbars". En la parte inferior de la célula solar hay un simple electrodo como polo opuesto. Esto significa que se puede conectar un consumidor y el flujo de corriente está garantizado.

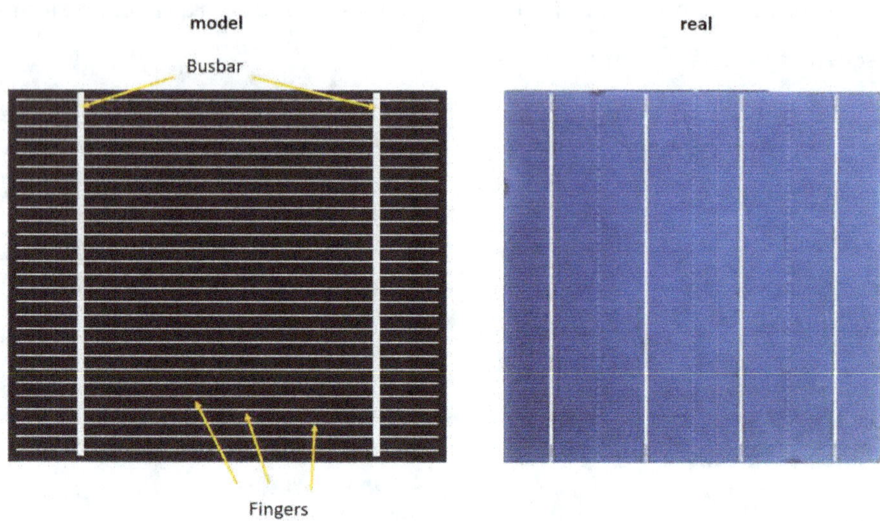

A continuación, veremos también la estructura de un módulo fotovoltaico, que - como ya sabemos- está formado por varias células fotovoltaicas individuales. Para que el módulo funcione de forma óptima y además esté protegido contra la intemperie, son necesarios algunos componentes más.

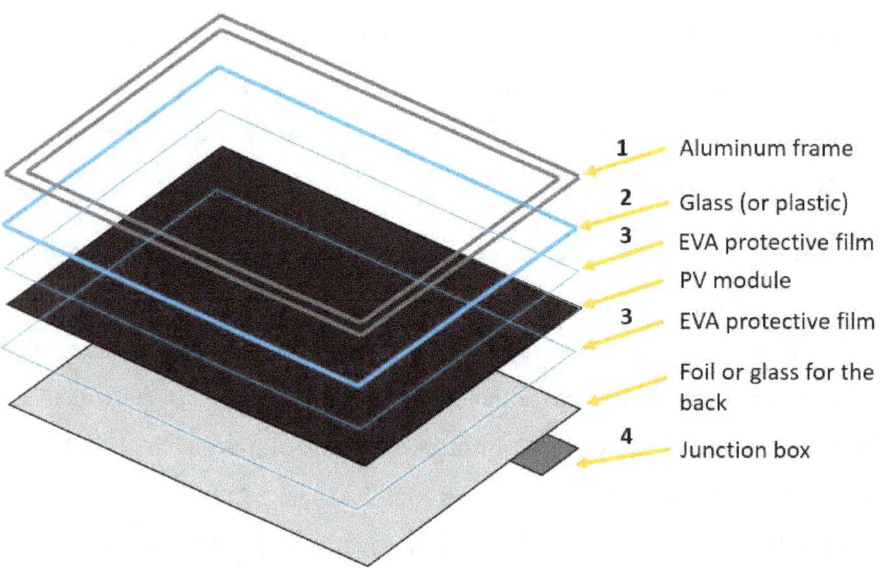

1) Marco de aluminio:

La estructura de aluminio constituye la base para el montaje de los módulos solares y sus componentes. También proporciona un punto de conexión para la toma de tierra, de modo que cualquier corriente de fallo pueda ser conducida con seguridad a la tierra. Los marcos de aluminio son ligeros y, sin embargo, relativamente resistentes a las tensiones mecánicas.

2) Vidrio:

Los módulos solares tienen vidrio en la parte delantera. El cristal de los módulos solares suele tener un revestimiento antirreflectante para garantizar la máxima absorción de la luz solar. Además del revestimiento antirreflectante, el cristal también proporciona protección contra las influencias ambientales. El material de vidrio de los módulos solares es lo suficientemente fuerte como para soportar la tensión mecánica. Incluso el granizo no suele ser un problema. Como alternativa, se puede utilizar un plástico con propiedades similares.

3) Película protectora de EVA:

EVA es la abreviatura de etileno-acetato de vinilo. La finalidad de esta capa protectora es encapsular las células fotovoltaicas tanto en la parte superior como en la inferior. El encapsulado de EVA proporciona protección contra la penetración del polvo y la humedad. Si la calidad de la capa de EVA no es muy alta o se daña con el tiempo, esto puede dañar a su vez las células fotovoltaicas al permitir que la humedad penetre en el interior de los módulos solares. La humedad puede provocar a su vez un cortocircuito entre las barras.

4) Caja de empalmes y conexiones:

La caja de conexiones está situada en la parte trasera del módulo solar. Se utiliza para aprovechar la corriente suministrada por la célula solar. La caja de conexiones puede estar equipada con diodos (diodos de derivación). Si una célula del módulo no suministra corriente debido a un defecto o contaminación, la corriente restante puede desviarse a través de este diodo de derivación, por así decirlo. Puedes imaginarlo como el tráfico de coches (los electrones pueden imaginarse como coches, las líneas como carreteras). Las cajas de conexiones suelen estar equipadas con enchufes MC4. Los enchufes MC4 son enchufes resistentes a la intemperie que tienen dos clavijas, una macho para el polo positivo y una hembra para el polo negativo.

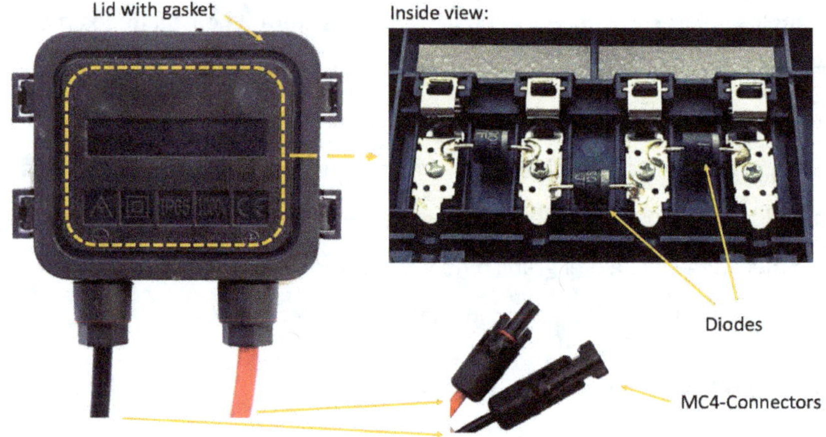

3 Breve historia del desarrollo fotovoltaico

3.1 Los diferentes tipos de módulos FV

El uso de la energía solar para generar electricidad comenzó ya en el siglo XX, concretamente en 1954, con la presentación de la primera célula solar. Se desarrolló en el laboratorio de investigación "Bell Laboratories" en EEUU.

Las primeras células solares tenían una eficiencia relativamente baja y además eran muy caras. Una de las primeras aplicaciones fue en los viajes espaciales para generar electricidad utilizando la luz solar. A finales de los años 70, las células solares se utilizaron en zonas remotas de Estados Unidos para generar electricidad donde no había red eléctrica. Incluso en aquella época, el coste de las células solares era todavía muy elevado y poca gente podía permitirse esta tecnología. Sin embargo, a medida que la tecnología ha ido avanzando, el coste de los paneles solares se ha reducido considerablemente con el tiempo.

En 1980, la empresa "Arco Solar" fue una de las primeras empresas en fabricar paneles fotovoltaicos. La empresa puso en funcionamiento un parque solar de 1 MW (1.000.000 de vatios) en California (EEUU) en 1982. Después, en 1986, se introdujo en el mercado el primer módulo solar de capa fina con una eficiencia media de aproximadamente el 15,9%. Dentro de un momento sabremos qué son los módulos de capa fina. En 2000, la capacidad total de módulos solares instalados en todo el mundo alcanzó por primera vez la marca de 1 GW (1.000.000.000 de vatios). La cuota de mercado de la industria fotovoltaica aumentó gradualmente y en 2020 la capacidad mundial total instalada de sistemas fotovoltaicos alcanzó los 760 GW.

Cabe suponer que esta producción total y el número de sistemas fotovoltaicos instalados seguirán aumentando considerablemente en esta década y en las próximas debido a las crisis energética y climática. El sol es la mayor fuente de energía de nuestro sistema solar, es lógico utilizarlo para satisfacer nuestras necesidades energéticas.

La tecnología solar ha evolucionado constantemente desde sus inicios y se han desarrollado diferentes tipos de módulos fotovoltaicos. Hemos examinado la estructura esquemática de una célula solar y la formación del flujo de corriente en una célula fotovoltaica utilizando el ejemplo de un módulo solar monocristalino. Sin embargo, ahora hay un gran número de módulos y tecnologías diferentes.

Además de las células monocristalinas, también hay células policristalinas, por ejemplo. Los módulos monocristalinos y policristalinos se diferencian por su eficiencia. La eficiencia de los módulos monocristalinos (aprox. 20-25 %) es mayor que la de los policristalinos (aprox. 15-20 %), pero los costes de los módulos policristalinos son menores. Los módulos solares policristalinos también son muy adecuados en zonas con temperaturas ambientales elevadas, por lo que los módulos solares policristalinos suelen utilizarse en zonas muy cálidas. Dependiendo de la eficiencia (por ejemplo, alta eficiencia = menos superficie o módulos para la misma potencia), del coste de los módulos (los módulos monocristalinos son más caros que los policristalinos) y de otros factores, se puede decidir por módulos policristalinos o monocristalinos.

Al principio, estos dos tipos de módulos eran los únicos que se podían elegir. Por supuesto, el desarrollo tecnológico no se ha detenido en la industria fotovoltaica; de hecho, ahora existen otros tipos de células fotovoltaicas. Nos encontramos en la tercera generación de desarrollo de células fotovoltaicas.

1st generation	2nd generation „Thin film"	3rd generation „New Technology"
Monocrystalline cells	Amorphous silicon thin film cells	Nanocrystal-based cells
Polycrystalline cells	Cadmium telluride (CdTe) Thin film cells	Polymer-based cells ...

Los tipos de módulos solares más extendidos actualmente son los módulos fotovoltaicos monocristalinos, los módulos solares policristalinos y los módulos solares de capa fina. A continuación los analizaremos con más detalle.

3.1.1 Módulos fotovoltaicos monocristalinos

Los módulos solares monocristalinos se producen a partir de silicio puro mediante el llamado proceso Czochralski. En este proceso, se coloca una llamada plántula (cristal semilla) en un cuenco de silicio fundido y se extrae de ella un gran cristal cilíndrico, el llamado "Ingot". Puedes pensar que es como tirar de una vela de cera, si es que lo has hecho alguna vez. La mejor manera es ver un vídeo sobre ello. El "Ingot" se utiliza entonces para cortar la fina "Wafer". Las células monocristalinas se cortan en forma de cuadrado. Las esquinas están biseladas o eliminadas. Las células tienen un color entre azul oscuro y negro. Las ventajas de las células monocristalinas son: a) alto rendimiento (20-25 %), b) larga vida útil (al menos 20 años), c) robustez, d) alto rendimiento eléctrico con una pequeña superficie de techo. Las desventajas de las células monocristalinas, en cambio, son: a) su coste de adquisición, b) el escaso equilibrio medioambiental en la producción, c) la sensibilidad a las altas temperaturas.

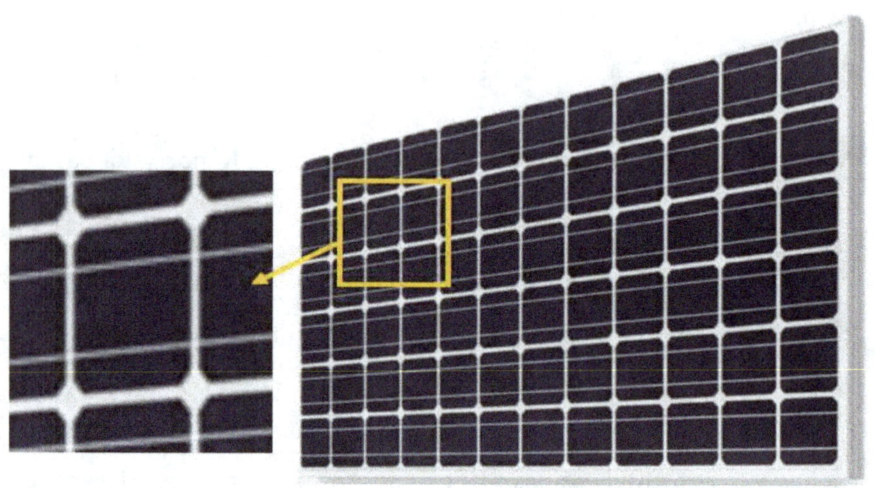

3.1.2 Módulos fotovoltaicos policristalinos

Los módulos solares policristalinos son la forma más nueva de módulos solares en comparación con los módulos solares monocristalinos. Tienen una buena resistencia a las duras condiciones ambientales. Los módulos solares policristalinos también están hechos de silicio y se fabrican ensamblando fragmentos de silicio que dan al módulo fotovoltaico su aspecto característico. A continuación, los fragmentos de silicio ensamblados se cortan también en finas "Wafer".

Las células solares policristalinas suelen tener un color azulado y son claramente reconocibles por su aspecto. La forma de las células solares policristalinas es rectangular, por lo que hay menos residuos en el proceso de fabricación. Las ventajas de las células policristalinas son: a) insensibles a las altas temperaturas, b) más baratas que las monocristalinas, c) más fáciles de fabricar y con mejor equilibrio medioambiental que las monocristalinas. Las desventajas de las células policristalinas, en cambio, son: a) menor eficiencia (15-20 %), b) mayor superficie para el mismo rendimiento eléctrico (en comparación con las monocristalinas).

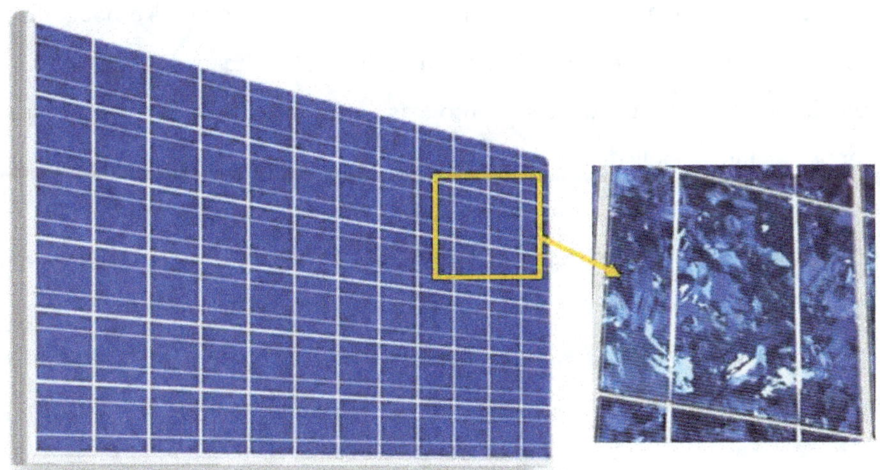

Si se dispone de suficiente superficie para la potencia fotovoltaica deseada, se puede optar sin duda por la variante policristalina, más barata y más respetuosa con el medio ambiente. A menos que se rechace estrictamente el aspecto por razones estéticas o que el sistema deba suministrar la máxima potencia para la superficie disponible, la elección debe recaer en los módulos monocristalinos. Sin embargo, antes de decidirse, hay que considerar también los módulos de capa fina.

3.1.3 Módulos solares de capa fina

Aparte de las células solares de tercera generación basadas en polímeros y en nanocristales que no se consideran aquí, las células solares de segunda generación de capa fina son el desarrollo más avanzado de la industria fotovoltaica. A diferencia de la producción de células solares policristalinas y monocristalinas, las células solares de capa fina no siempre están hechas de silicio. Una célula de película fina también puede ser de telururo de cadmio (CdTe) o de seleniuro de cobre e indio (CIGS), por ejemplo. Sin embargo, también se puede utilizar el silicio, pero entonces en una estructura amorfa. El término amorfo describe la estructura del silicio, que en este caso no es cristalina (estructura reticular ordenada), sino que tiene una estructura atómica desordenada (amorfa). Los materiales se depositan en una fina capa sobre una película portadora durante la producción de la célula fotovoltaica. De ahí el nombre de célula fotovoltaica de capa fina. Este tipo de célula solar puede ser cientos de veces más fina que los módulos monocristalinos o policristalinos convencionales. Las ventajas de estos módulos son principalmente a) producción barata, b) bajo peso, c) flexibilidad. Las desventajas son: a) baja eficiencia (10-15 %) b) alto consumo de espacio, c) difícil instalación (porque no tiene marco y es delgada). El elevado consumo de espacio debido a la baja eficiencia es una de las principales razones por las que estos módulos no suelen encontrarse en el sector privado en los tejados de las casas.

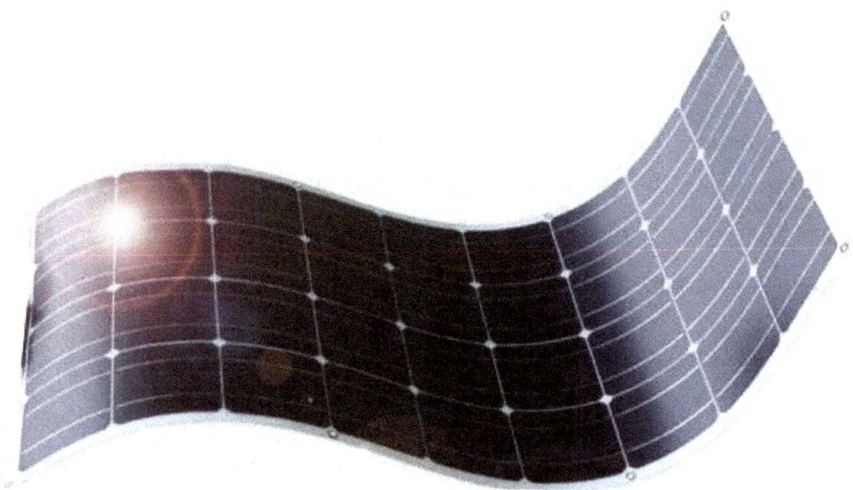

3.2 Cifras clave importantes en relación con los módulos FV

Cuando te informas por primera vez sobre los módulos fotovoltaicos o los sistemas fotovoltaicos, te encuentras con muchas cifras y datos clave en las hojas de datos. Te habrás preguntado qué significa el Wp o W_{peak} o "Watt peak", o qué debes hacer con la tensión en circuito abierto. Veamos los datos eléctricos más importantes de los módulos fotovoltaicos.

Cada módulo fotovoltaico tiene su propia curva característica de corriente-tensión (curva característica I-V o curva característica I-V). La curva característica I-V de una célula solar describe la cantidad de energía solar que la célula fotovoltaica puede convertir en electricidad utilizable. En otras palabras, la curva característica I-V proporciona información sobre la eficiencia o la potencia máxima que puede suministrar un solo módulo, cadena o conjunto. Se puede crear una característica I-V para un solo módulo, así como para todo un sistema fotovoltaico. La potencia que una célula puede entregar al consumidor (carga) es el producto de la tensión y la corriente ($P = U \times I$).

En dicha curva característica corriente-tensión, se muestra esta curva entre la corriente y la tensión, por ejemplo, en función de la temperatura (por ejemplo, 50 °C en la imagen) o de la irradiación (por ejemplo, 1000 W/m² en la imagen). El valor máximo de la potencia del módulo solar, que se denomina punto de máxima potencia o "maximum power point" (MMP), se puede leer aquí. Este punto de máxima potencia de una célula fotovoltaica depende, entre otras cosas, de la temperatura de la célula y de la irradiación, por lo que no es un punto fijo, sino variable. En este punto de máxima potencia, la corriente de cortocircuito y la tensión de circuito abierto tienen sus valores óptimos. Estos dos valores son relevantes para el diseño de un sistema fotovoltaico. La corriente de cortocircuito y la tensión de circuito abierto también pueden leerse en la curva característica I-V. La corriente de cortocircuito I_{sc} es simplemente la corriente que fluye cuando la tensión es (cercana a) 0V, es decir, cuando los dos polos del módulo fotovoltaico -sin carga entre ellos- están conectados entre sí, es decir, en cortocircuito. Por otro lado, la tensión de circuito abierto V_{oc} o U_{oc} es el valor de tensión al que ningún consumidor toma corriente (0A). Un sistema fotovoltaico debe diseñarse de acuerdo con la temperatura más baja prevista (relevante para la tensión de circuito abierto) de los módulos fotovoltaicos y de acuerdo con la mayor irradiación prevista (relevante para la corriente de cortocircuito).

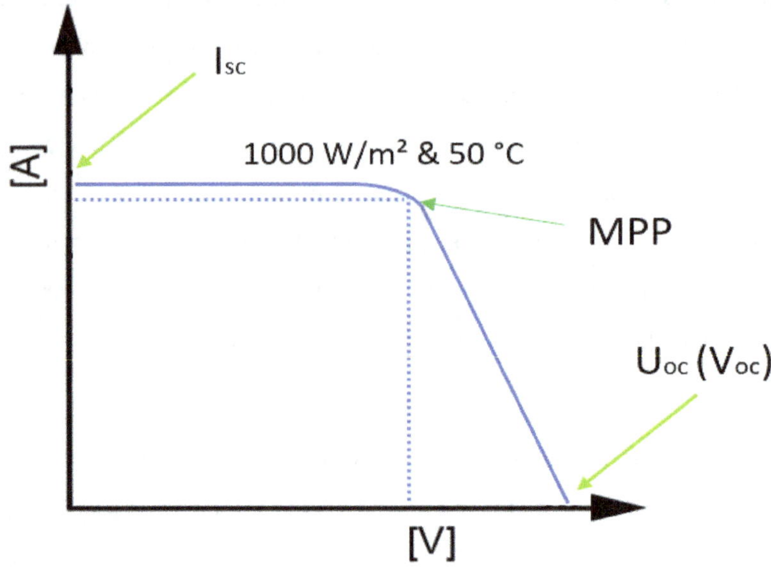

Las condiciones estándar (STC) para la máxima eficiencia de un módulo solar son una temperatura de 25 grados centígrados, una irradiación de 1000 W/m² y una masa de aire de 1,5. Estas condiciones se denominan comúnmente condiciones STC. Cada módulo tiene su propio coeficiente de degradación, la eficiencia del módulo disminuye al aumentar la temperatura.

Otros términos importantes en relación con los módulos fotovoltaicos son el factor de llenado ("Fill factor") y la relación de rendimiento ("Performance Ratio").

El factor de llenado (FF) se calcula con la siguiente fórmula: $FF = P_{MPP} / (U_{OC} \times I_{SC})$ y describe la potencia máxima de una célula fotovoltaica en relación con su tensión de circuito abierto y su corriente de cortocircuito. El factor de llenado relaciona así la potencia nominal en el "maximal power point" con la tensión de circuito abierto y la corriente de cortocircuito. Puede considerarse como el factor de calidad de una célula fotovoltaica. Cuanto mayor sea el factor de llenado (normalmente valores de 0,5 - 1; 1 sería el ideal teórico), mayor será la calidad del módulo fotovoltaico.

Por otro lado, el "Performance Ratio (PR)" indica la relación entre el rendimiento posible y el alcanzado, y se da en forma de porcentaje. El rendimiento obtenido puede leerse fácilmente en el contador fotovoltaico. Cuanto más se acerque la proporción al 100 %, más eficaz será el sistema.

Si lees sobre los módulos fotovoltaicos individuales, te encontrarás con otros términos, como Wp. ¿Qué significa Wp? Wp o W_{peak} significa "Watt peak" e indica la potencia máxima -la potencia nominal- de un módulo solar cuando funciona en condiciones STC (temperatura de la célula = 25 °C, irradiación = 1000 W/m², masa de aire "AM" = 1,5). Este valor también puede utilizarse para comparar los módulos fotovoltaicos entre sí. En la práctica, sin embargo, los valores de Wp especificados no suelen alcanzarse porque las condiciones ambientales varían. En este contexto, kWp significa simplemente 1/1000 Wp. Esto significa, por ejemplo, que 550 Wp son 0,55 kWp.

Potencia nominal: Designada como P_{max} o P_{nenn} o P_{MPP} [W]. Indica la potencia máxima en condiciones normalizadas. A menudo se indica en Wp o kWp. La especificación suele ser más alta de lo que se consigue en el funcionamiento real.

Tensión nominal: Se suele denominar V_{MPP} o U_{MPP} [V]. Indica la tensión en el "maximum power point" para la irradiación actual.

Corriente nominal: Generalmente designada I_{MPP} [A]. Indica la corriente en el "maximum power point" para la irradiación actual.

Tensión en circuito abierto: La tensión aplicada al sistema fotovoltaico cuando no hay carga conectada, normalmente denominada V_{OC} o U_{OC} [V]. Se puede medir con un multímetro.

Corriente de cortocircuito: La intensidad de corriente máxima del sistema fotovoltaico que fluye si no hay carga entre los polos, pero éstos estarían en cortocircuito. Generalmente se denomina I_{SC} [A].

Eficiencia: Designada con η [%]. La eficiencia indica la cantidad de energía incidente (radiación solar) que el módulo fotovoltaico puede convertir en electricidad. Cuanto más alto sea este valor, mejor o más eficiente es el funcionamiento de un módulo fotovoltaico, es decir, puede generar más electricidad que otro módulo en las mismas condiciones. La eficiencia se determina en condiciones de prueba estándar (STC).

Irradiancia: La irradiancia [W/m²] es la potencia de radiación electromagnética que incide sobre una superficie (por ejemplo, el módulo fotovoltaico) por m².

Condiciones de prueba estándar (STC): Prueba las condiciones ambientales del módulo fotovoltaico. 1000 W/m² a 25 °C y masa de aire "AM" 1,5.

Condiciones nominales de funcionamiento de la célula (NOCT o NMOT): condiciones ambientales de ensayo que pretenden acercarse al funcionamiento normal (condiciones ambientales naturales) para obtener valores más significativos. Por ejemplo, 800 W/m² a 20 °C y masa de aire "AM" 1,5, así como viento de 1-2 m/s y temperatura de la célula de 40-50 °C, según la especificación.

Ejemplo de una hoja de datos de un módulo fotovoltaico:

ELECTRICAL SPECIFICATIONS			
STC rated output (P_{mpp})*	300 Wp	305 Wp	310 Wp
PTC rated output (P_{mpp})**	273.2 Wp	277.9 Wp	282.5 Wp
Standard sorted output			0/+5 Wp
Warranted power output STC ($P_{nominal}$)	300 Wp	305 Wp	310 Wp
Rated voltage (V_{mpp}) at STC	35.74 V	35.77 V	35.80 V
Rated current (I_{mpp}) at STC	8.40 A	8.53 A	8.68 A
Open circuit voltage (V_{oc}) at STC	45.16 V	45.29 V	45.42 V
Short circuit current (I_{sc}) at STC	8.91 A	8.95 A	8.99 A
Module efficiency	15.5%	15.8%	16.0%
Rated output (P_{mpp}) at NOCT	209.5 Wp	213.0 Wp	216.5 Wp
Rated voltage (V_{mpp}) at NOCT	32.63 V	32.67 V	32.70 V
Rated current (I_{mpp}) at NOCT	6.42 A	6.52 A	6.62 A
Open circuit voltage (V_{oc}) at NOCT	41.44 V	41.56 V	41.68 V
Short circuit current (I_{sc}) at NOCT	6.89 A	6.92 A	6.95 A

4 sistemas fotovoltaicos y sus componentes

A estas alturas ya sabemos cómo funciona una célula fotovoltaica y cómo se construyen y fabrican diferentes módulos fotovoltaicos a partir de células fotovoltaicas. En este capítulo veremos los demás componentes de un sistema fotovoltaico. Además de los módulos fotovoltaicos, necesitamos algunos componentes más para que nuestro sistema fotovoltaico funcione. Aquí podemos distinguir principalmente entre dos sistemas en cuanto a la estructura y los componentes necesarios de un sistema fotovoltaico. Dependiendo de la aplicación (alimentación eléctrica, uso propio, forma mixta), es posible un sistema conectado a la red (on-grid) o un sistema autónomo (off-grid). En este capítulo veremos la estructura, los componentes, las opciones de instalación y la aceptación o puesta en marcha de estos sistemas.

4.1 Sistemas conectados a la red y sistemas no conectados a la red

Los sistemas fotovoltaicos pueden dividirse en dos grupos. El primer grupo está formado por los sistemas conectados a la red (sistemas en red). Un sistema conectado a la red es un sistema fotovoltaico que está conectado a la red pública. Con los sistemas conectados a la red, se puede llevar a cabo una inyección completa, es decir, vender toda la electricidad al operador de la red, o sólo una inyección parcial.

En el caso de la alimentación parcial, el sistema puede, por ejemplo, diseñarse de forma que se cubra al máximo el consumo propio de electricidad y sólo se alimente a la red pública la electricidad sobrante (por ejemplo, cuando el sol brilla mucho e intensamente en un día). La ventaja de los sistemas conectados a la red es que, en función de la demanda, se puede extraer la electricidad del operador de la red (por ejemplo, cuando no brilla el sol) o se puede introducir el excedente de electricidad en la red pública (por ejemplo, cuando el consumo de electricidad es bajo pero el sistema fotovoltaico suministra mucha electricidad). La siguiente ilustración esquemática sirve como orientación inicial de cómo se estructura a grandes rasgos un sistema de este tipo conectado a la red. ¡Los detalles seguirán!

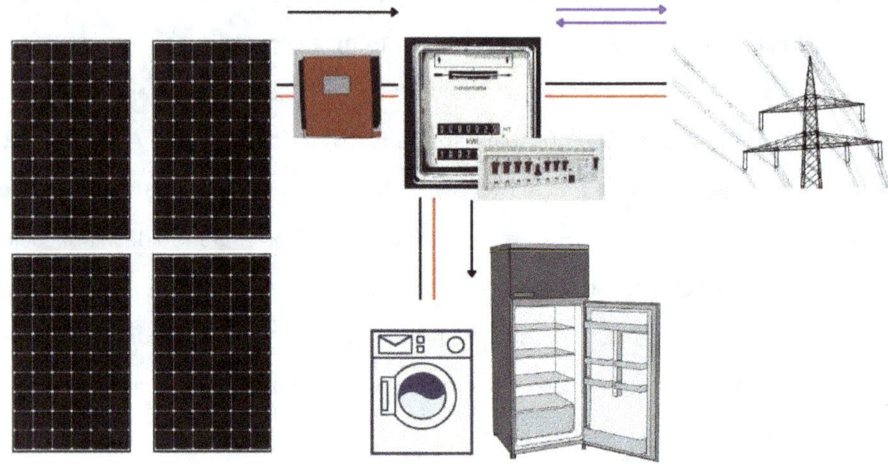

El segundo grupo está formado por los llamados sistemas autónomos (sistemas sin conexión a la red). Estos sistemas crean un suministro de energía autosuficiente y pueden considerarse como una minicentral eléctrica independiente.

Estos sistemas se utilizan principalmente en zonas remotas (por ejemplo, países en desarrollo, casas flotantes, casas móviles, etc.) donde no hay suministro de energía de la red pública, pero también en todos los ámbitos de aplicación (por ejemplo, Tiny House) donde se requiere la máxima autosuficiencia. Como el sol no siempre brilla, pero la electricidad suele ser necesaria de forma continua (por ejemplo, para el frigorífico), un sistema sin conexión a la red requiere un dispositivo de almacenamiento de electricidad (batería y/o dispositivo de almacenamiento de calor). Además, estos sistemas suelen estar acoplados a un generador de emergencia o a un aerogenerador para garantizar un suministro eléctrico continuo. La siguiente ilustración esquemática sirve de nuevo como orientación inicial para la construcción de un sistema sin red. En esta ilustración se integra una caja negra que representa otros componentes del sistema fotovoltaico. En aras de la claridad, los examinaremos en detalle en las siguientes secciones.

Tanto los sistemas conectados a la red como los no conectados pueden planificarse con almacenamiento en baterías. La ventaja de esto es obvia: el excedente de electricidad puede almacenarse en épocas de alto rendimiento y/o bajo consumo para proporcionar energía solar incluso cuando el sol no brille durante unos días. Dependiendo del tamaño del almacenamiento de la batería y del sistema fotovoltaico, puedes salvar más o menos días sin sol. Esto es siempre una cuestión de coste y de la ubicación individual del sistema fotovoltaico.

¿Qué sistema hay que elegir y hay diferencias en la estructura de ambos sistemas? Lo trataremos a continuación. Por supuesto, depende de tu situación individual, pero a menos que vivas con un pueblo primitivo en el Amazonas o en una casa flotante, un sistema conectado a la red (on-grid) es probablemente más apropiado, al menos para tu propia casa. Luego está la cuestión de si quieres alimentar la electricidad completamente a la red o consumirla en tu propio hogar. Con el aumento de los precios de la electricidad y la caída de las tarifas de alimentación, ahora merece más la pena que nunca consumir la electricidad tú mismo y sólo alimentar el excedente de electricidad.

A continuación, nos ocuparemos de un sistema en red y sus componentes (incluido el almacenamiento en batería). La estructura esquemática, incluida la conexión, se muestra en la siguiente figura. Necesitamos: **1)** módulos solares, **2)** caja de conexiones y protección de sobretensión de CC, **3)** inversor, **4)** contador de electricidad solar, **5)** protección de sobretensión de CA, **6)** distribución principal (caja de electricidad) con contador de electricidad, **7)** conexión de la casa a la red eléctrica pública, **8)** compensación de potencial (puesta a tierra), **9)** consumidor, **10)** opcional: almacenamiento de electricidad.

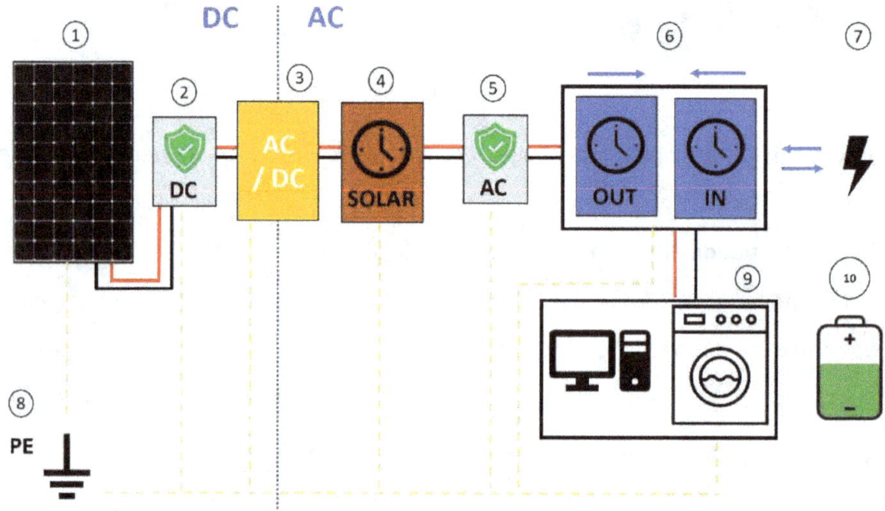

En el siguiente apartado veremos con detalle cada uno de los componentes. Sin embargo, primero hay que dar un poco de información sobre la integración de un sistema de almacenamiento de electricidad. Un sistema de almacenamiento de electricidad puede integrarse en un sistema fotovoltaico de dos maneras diferentes. Puedes planificar el sistema de almacenamiento de electricidad como un sistema de almacenamiento de electricidad acoplado a la CC (sistema de corriente continua) o como un sistema de almacenamiento de electricidad acoplado a la CA (sistema de corriente alterna). Veamos con más detalle estas dos variantes.

4.1.1 Almacenamiento de electricidad acoplado a la corriente continua

Una unidad de almacenamiento de energía acoplada a la CC (**10**) se conecta al lado de la CC del sistema, es decir, directamente detrás de los módulos solares (después de la caja de conexiones y la protección de sobretensión de CC). Además de la batería de almacenamiento, también son necesarios un convertidor CC-CC (**11**) y un controlador de carga (**12**) para la conexión. El convertidor CC-CC regula la tensión procedente de los módulos fotovoltaicos hasta una tensión de carga óptima. El controlador de carga regula la corriente de carga y la tensión de carga con la que se carga la unidad de almacenamiento de electricidad y tiene la tarea de cargar o descargar la unidad de almacenamiento de electricidad de la forma más eficiente posible. Una protección de descarga profunda integrada también evita la descarga profunda y protege así el acumulador de un defecto.

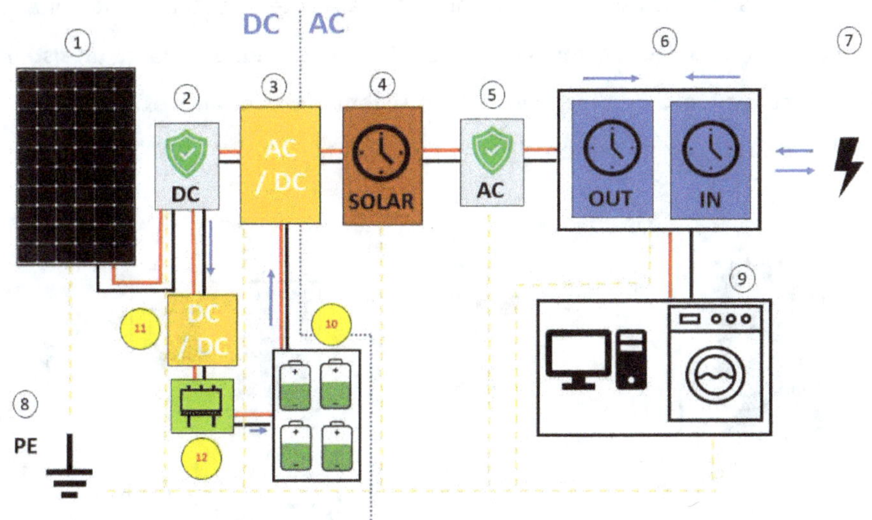

Cuando se necesita la electricidad del sistema de almacenamiento de electricidad (por ejemplo, por la noche), se introduce en la red de CA de la casa a través del inversor CC-CA (**3**). Los sistemas de almacenamiento de electricidad acoplados a la corriente continua se utilizan sobre todo en sistemas fotovoltaicos sencillos y pequeños. **Un sistema de corriente continua es muy interesante a la hora de planificar un nuevo sistema** porque tiene una gran eficiencia, no requiere mucho espacio y es comparativamente fácil de instalar. El **sistema es menos adecuado para adaptar los sistemas fotovoltaicos existentes**.

4.1.2 Sistema de almacenamiento de electricidad acoplado a la CA

En cambio, un sistema de almacenamiento de electricidad acoplado a la CA se conecta a la red de CA, es decir, sólo después del inversor fotovoltaico. Para ello es necesario un inversor de baterías (**11**) que convierta la corriente alterna entrante del sistema de CA en corriente continua o que convierta la corriente continua saliente del regulador de carga (**12**) en corriente alterna. La unidad de almacenamiento de electricidad (**10**) y el controlador de carga (**12**) pueden ser idénticos al sistema acoplado de CC. Los sistemas de almacenamiento de electricidad acoplados a la CA se utilizan principalmente en sistemas fotovoltaicos de mayor tamaño y se **recomiendan especialmente cuando se adapta un sistema de almacenamiento de electricidad a un sistema fotovoltaico existente** (no es necesario sustituir los inversores fotovoltaicos).

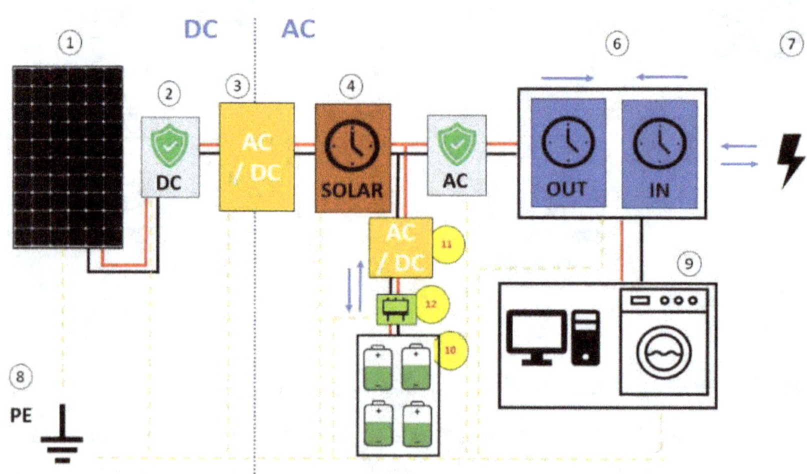

4.2 Los componentes de un sistema fotovoltaico en detalle

En este capítulo veremos en detalle los componentes de un sistema fotovoltaico conectado a la red con almacenamiento de electricidad. Los **números siguientes (1-12) tras el título del capítulo correspondiente hacen referencia a las ilustraciones anteriores.**

4.2.1 Módulos fotovoltaicos y cables solares (1)

Los componentes que sirven para generar electricidad en un sistema fotovoltaico son los módulos fotovoltaicos, cuya estructura ya hemos tratado en detalle. Como sabemos, hay módulos fotovoltaicos monocristalinos, policristalinos y de otros tipos. Sin embargo, para la conexión de estos módulos y para los demás componentes, esta distinción no importa. Todos estos módulos producen corriente continua. Con cables solares especiales (cables especiales de corriente continua) y conectores (normalmente conectores MC4), los módulos fotovoltaicos se conectan entre sí -a partir de las cajas de conexión de su parte trasera- y se transmite la corriente producida. Los cables y conectores deben colocarse en conductos de instalación protegidos de la intemperie. La sección de los cables debe determinarse en función del sistema fotovoltaico. Los módulos fotovoltaicos también deben estar conectados a tierra.

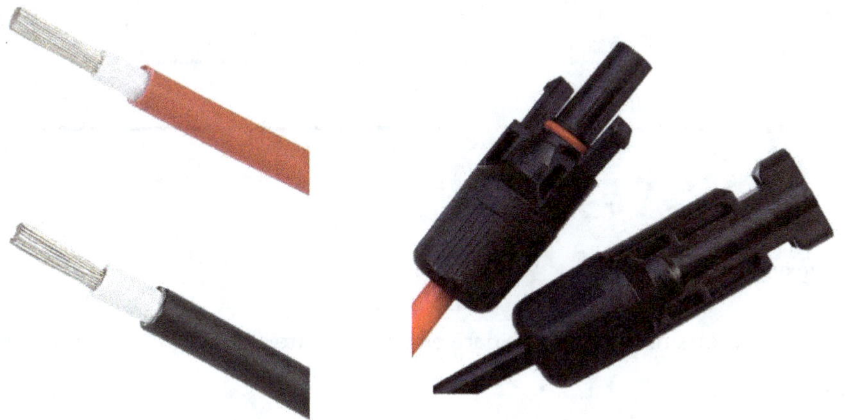

Dependiendo del módulo fotovoltaico, puedes esperar una tensión de entre 30 y 50 V (DC) y una corriente de hasta 5 A. Puedes conectar varios módulos fotovoltaicos entre sí de dos maneras. Ya sea con una conexión en serie o en paralelo (o también combinada).

Conexión en serie:

En una conexión en serie, basta con conectar un polo de un módulo solar con el polo opuesto del siguiente módulo solar ("+" con "-" o "-" con "+"). Como ya sabemos, en una conexión en serie las tensiones de los componentes individuales se suman. La corriente no cambia. Por ejemplo, si conectas cuatro módulos solares con una tensión de salida de 30V cada uno, obtendrás 30V + 30V + 30V = 120V de tensión de salida. La conexión en serie de los módulos fotovoltaicos se denomina entonces "String".

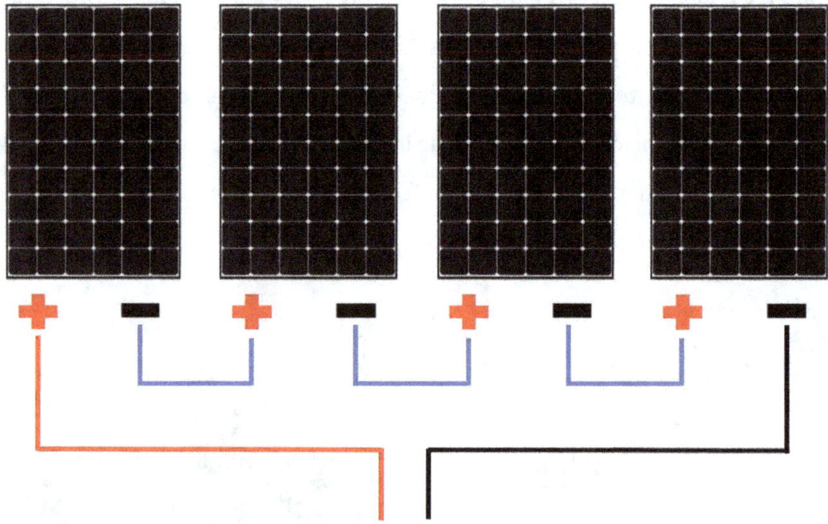

Conexión en paralelo:

En cambio, con una conexión en paralelo, la corriente cambia, pero la tensión sigue siendo la misma.

Para que las corrientes de los módulos individuales se sumen, los módulos solares deben estar conectados entre sí de la siguiente manera. Conecta los mismos polos de los módulos individuales entre sí ("+" con "+" o "-" con "-"). Suponiendo que un módulo solar suministra una corriente de 5A, la corriente total de los cuatro módulos es: 5A + 5A + 5A = 20A.

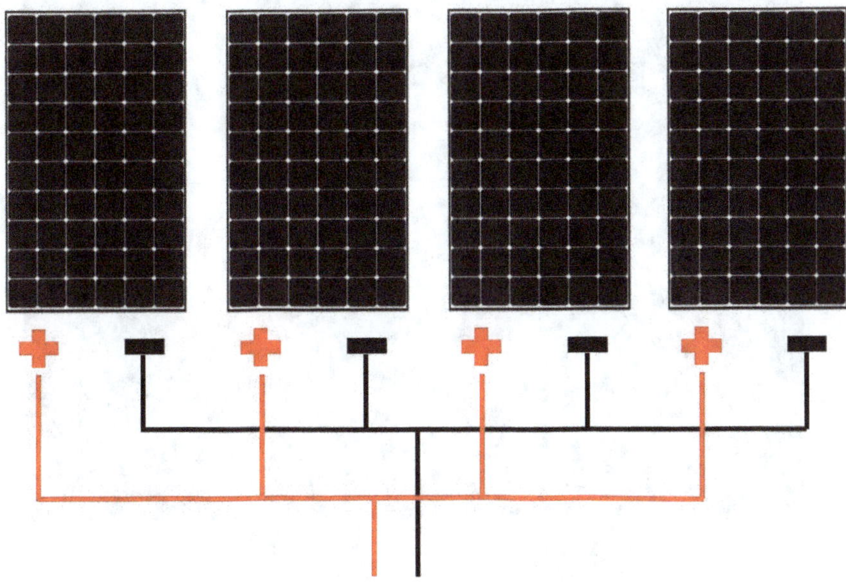

En la mayoría de los casos, se produce una combinación de conexión en serie y en paralelo de los módulos para conseguir el rendimiento deseado del sistema fotovoltaico y mantener los valores de tensión y corriente. En primer lugar, se forman las "Strings" (conexión en serie) y luego, si es necesario, se conectan en paralelo a una "Array".

4.2.2 Caja de conexiones del módulo con protección de sobretensión de CC (2)

Ahora la corriente llega primero desde el sistema solar a una caja de conexiones que contiene un protector de sobretensión. Se necesita un dispositivo de protección contra sobretensiones por cada 10 m de longitud de cable, tanto en el lado de la corriente continua (lado DC) como en el de la corriente alterna (lado AC).

En este caso, también se hace una diferenciación según el número de "Strings" instalados. La caja de conexiones con protección contra sobretensiones que se muestra es adecuada, por ejemplo, para conectar dos "Strings" PV (tiene una entrada y una salida por cada "String").

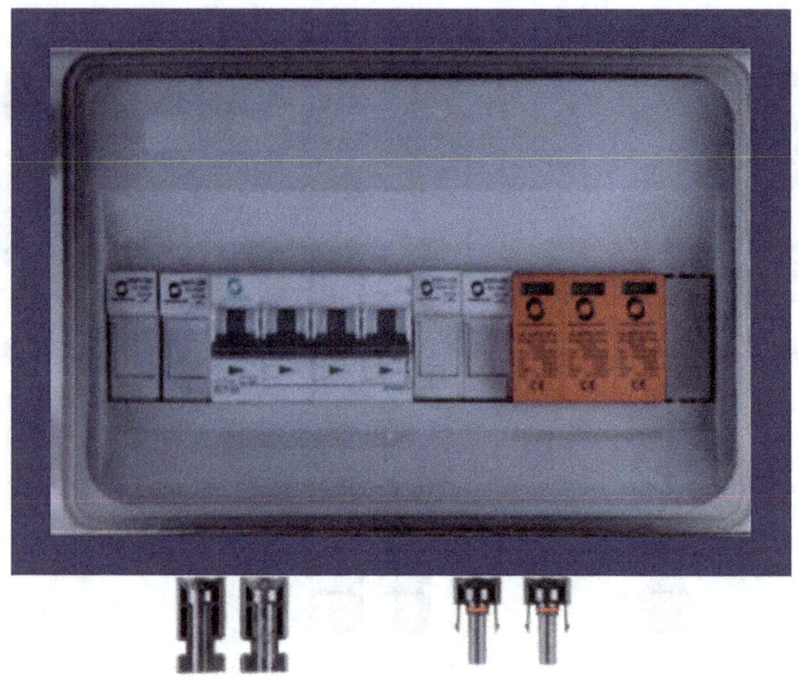

La protección contra sobretensiones es necesaria como protección en caso de caída de rayos y otras sobretensiones -también internas-, para que éstas se descarguen de forma segura y no puedan causar ningún daño material o inmaterial.

4.2.3 Inversor CC-CA (3)

Desde la protección de sobretensión de CC, la corriente llega al inversor a través de los cables de conexión. Se encarga de convertir la corriente continua de los módulos fotovoltaicos en corriente alterna. Un inversor convierte la corriente continua en una corriente alterna sinusoidal con la ayuda de elementos de

50

conmutación semiconductores y la modulación de la anchura de los impulsos. Sin embargo, no veremos aquí cómo funciona exactamente. También hay varios tipos de inversores. Según la aplicación, puedes elegir entre inversores monofásicos (230V) y trifásicos (400V) o inversores híbridos (útiles para el almacenamiento de electricidad en el lado de la corriente continua). A partir de un determinado tamaño de sistema fotovoltaico (por ejemplo, 5kW), tiene sentido optar por un inversor trifásico.

Además, hay que distinguir entre los inversores "String" y los inversores "Multistring". Puedes configurar tu sistema fotovoltaico de forma que dispongas de un inversor independiente para cada "String" (varios "String"-inversores) o dar servicio a varias "Strings" fotovoltaicas con un "Multistring"-inversor.

4.2.4 Contador de electricidad solar (4)

Luego puede seguir un contador de electricidad solar o de rendimiento opcional, que mide la producción total de electricidad de la instalación fotovoltaica. Esto no debe confundirse con el contador de electricidad normal de la casa, que sólo sigue en el punto (6). Sin embargo, los inversores modernos tienen casi todos un contador de este tipo integrado, por lo que normalmente puedes ahorrarte un contador de electricidad solar adicional en este punto.

4.2.5 Protección contra sobretensiones de CA (5)

También debe instalarse una protección contra la sobretensión en el lado de CA del circuito.

4.2.6 Distribución principal (caja de electricidad) con contador de electricidad (6)

Dependiendo del año de construcción de tu casa o del sistema eléctrico de la misma, puedes tener instalado un contador eléctrico analógico o digital. Sin embargo, estos contadores eléctricos sólo miden el consumo de electricidad, es decir, cuántos kWh de electricidad se consumen de la red pública. Según la cantidad de electricidad y el precio, recibirás entonces una factura.

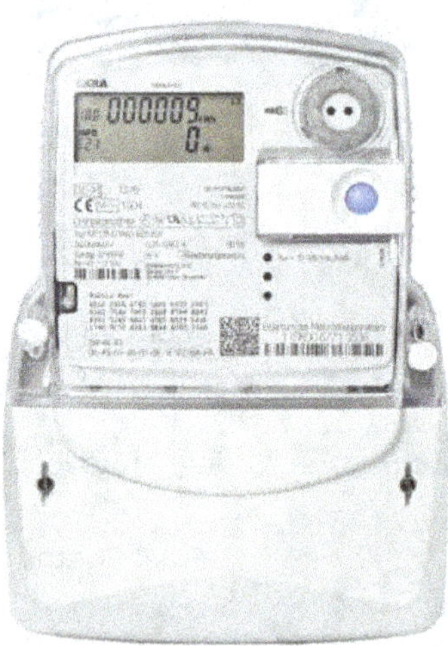

Sin embargo, si te has decidido por una instalación fotovoltaica conectada a la red, ahora necesitarás, además de ese contador de suministro, un contador de alimentación. Este contador de alimentación mide la electricidad que se introduce en la red pública y también se utiliza para la facturación posterior. Sin embargo, normalmente el antiguo contador de suministro se sustituye simplemente por un contador combinado, bidireccional. Esto se encarga de las dos direcciones de conteo. Visualmente, un contador de este tipo apenas puede distinguirse de un contador de suministro digital. Sólo la designación de medidor bidireccional puede proporcionar al profano la información necesaria.

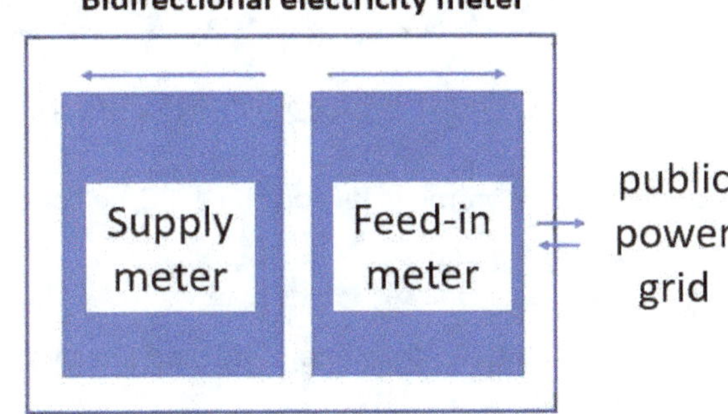

4.2.7 Conexión de la casa a la red eléctrica pública (7)

Este punto conecta una casa a la red eléctrica pública. La conexión de la casa se utiliza tanto para extraer la electricidad como para inyectarla en la red.

4.2.8 Igualación de potencial (puesta a tierra) (8)

Todos los componentes del sistema fotovoltaico y todos los consumidores deben estar conectados a tierra por seguridad. Para ello, hay una compensación de potencial local (barra de puesta a tierra) en la zona de la conexión de la casa. Las corrientes de defecto se descargan en el suelo a través de esta barra de puesta a tierra.

4.2.9 Consumidor (9)

Los consumidores, como la lavadora o el PC, se conectan normalmente a través de los enchufes de la casa.

4.2.10 Almacenamiento de energía (opcional) (10)

El supuesto mayor problema en el contexto de la generación de la propia electricidad es que ésta no siempre puede consumirse inmediatamente cuando se genera. Los electrodomésticos, como los frigoríficos, necesitan un suministro continuo de electricidad. Otros aparatos suelen encenderse sólo por la noche (por ejemplo, la televisión) cuando ya no da el sol. Si la electricidad se introduce en la red pública, esta circunstancia no importa al propietario de la fotovoltaica, ya que la electricidad puede introducirse en cualquier momento. Sin embargo, si quieres conseguir el mayor autoconsumo posible, puedes resolver este problema con un sistema de almacenamiento de electricidad (almacenamiento en baterías). Un alto nivel de autoconsumo tiene sentido, ya que hay que comprar la electricidad a un precio relativamente alto, mientras que sólo se recibe un pago comparativamente bajo por la electricidad autoproducida que se alimenta a la red.

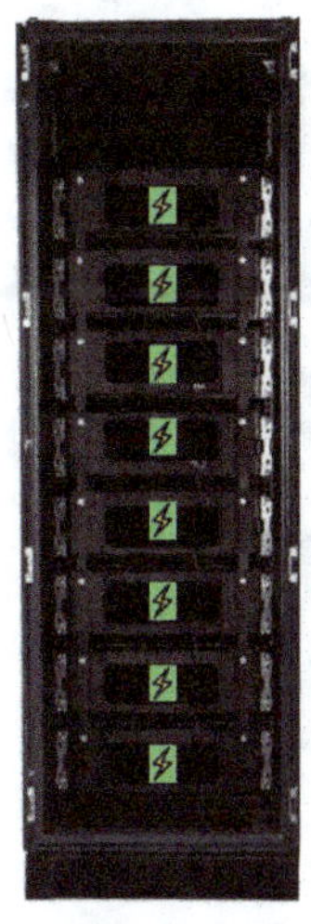 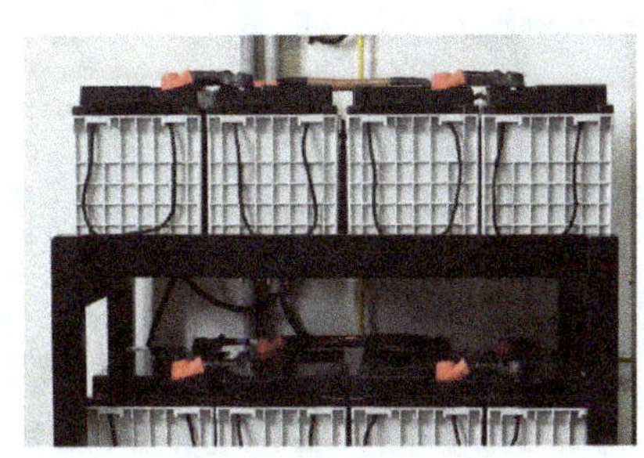 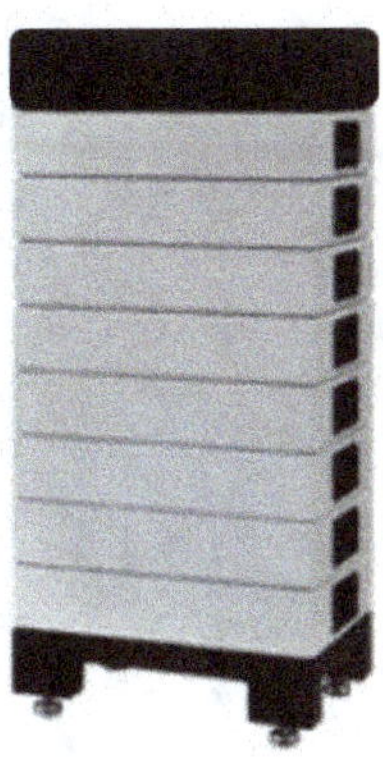

Para poder almacenar la electricidad producida en el sistema de almacenamiento de la batería, también necesitas un controlador de carga y un inversor de batería o convertidor de tensión. Conoceremos estos dos componentes con más detalle en **11.** y **12. <u>Nota:</u>** En algunos sistemas de almacenamiento de electricidad, estos dos componentes ya están integrados y no hay que comprarlos por separado.

4.2.11 Controlador de carga (sólo para el almacenamiento de electricidad) (11)

La principal tarea de un controlador de carga es proteger el almacenamiento de la batería durante la carga y la descarga. El controlador de carga protege la batería tanto de la carga excesiva (sobrecarga) como de la descarga excesiva (descarga profunda), regulando la corriente de carga. Según el modelo, también hay una pantalla para el estado de carga, la corriente de carga, el voltaje de la batería y la temperatura. En general, hay tres tipos diferentes de controladores de carga. 1. Controlador en serie, 2. Controlador "Shunt" (PWM), 3. Controlador MPPT ("Maximum Power Point Tracking").

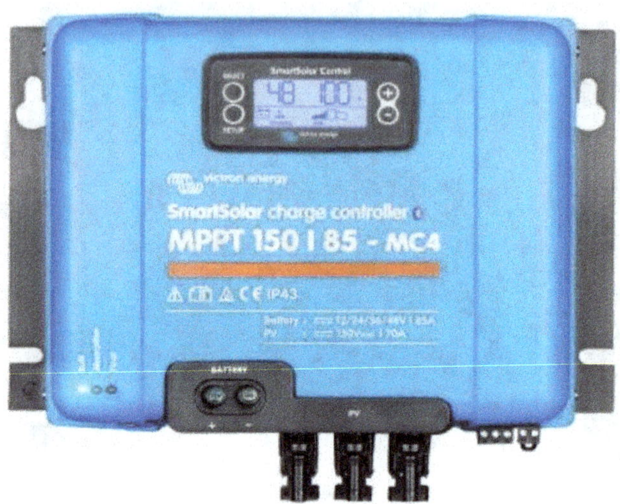

4.2.12 Inversor/rectificador o convertidor de tensión para el almacenamiento en batería (convertidor CA-CC o convertidor CC-CC) (12)

Dependiendo de si quieres montar la instalación fotovoltaica con un sistema de almacenamiento de electricidad acoplado a CA o un sistema de almacenamiento de electricidad acoplado a CC, seguirás necesitando un inversor de baterías CA/CC (para el almacenamiento de baterías acoplado a CA) o un convertidor de tensión CC/CC (para el almacenamiento de baterías acoplado a CC). Vamos a tratar ambas variantes a continuación. Como ya se ha mencionado, también hay sistemas de almacenamiento de electricidad que ya llevan integrados estos componentes.

Inversor de baterías CA/CC en caso de almacenamiento de baterías acoplado a CA:

Este inversor es necesario porque nuestra unidad de almacenamiento de baterías está conectada directamente al circuito de CA en un sistema acoplado de CA. Sin embargo, la unidad de almacenamiento de la batería no puede cargarse con corriente alterna, sino que a su vez requiere corriente continua. Por tanto, el inversor vuelve a transformar la corriente alterna en corriente continua. Esta transformación de CC a CA (**¡inversor fotovoltaico!**) y de vuelta a CC (**¡inversor de baterías!**) da lugar a mayores pérdidas de conversión que con un sistema de almacenamiento de baterías acoplado a CC.

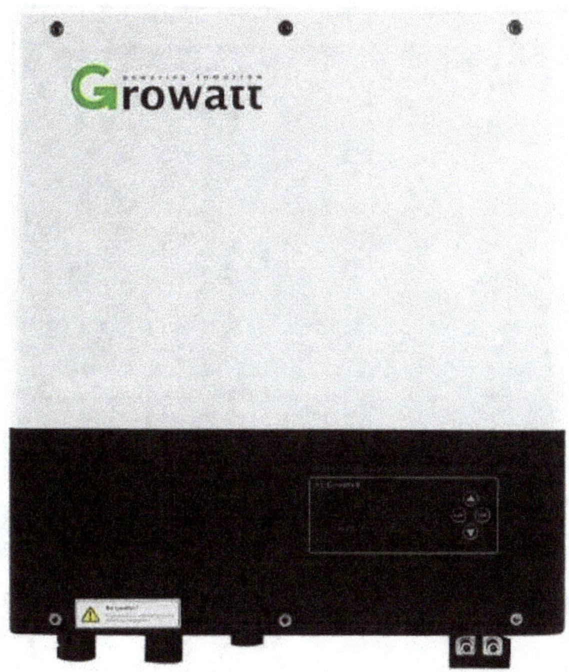

Convertidor de tensión CC/CC en el caso del almacenamiento de baterías acoplado a la CC:

En cambio, en los sistemas de almacenamiento con baterías acopladas a la corriente continua, ya disponemos de la corriente continua necesaria (directamente del sistema fotovoltaico). Sin embargo, dependiendo del tamaño del sistema fotovoltaico, del cableado y del controlador de carga, seguimos necesitando un convertidor de tensión CC-CC, también llamado convertidor de tensión CC-CD, que reduce o aumenta el nivel de tensión (procedente de los módulos fotovoltaicos). Dependiendo del circuito de los módulos fotovoltaicos, la tensión puede ser demasiado alta para el controlador de carga o el almacenamiento de la batería, por lo que primero debe reducirse con el convertidor CC-CC. En algunos casos, este convertidor también es opcional; llegaremos a esto en el ejemplo práctico.

4.3 Montaje de la unidad

Un sistema fotovoltaico suele instalarse en el tejado de una casa. Esta ubicación es adecuada debido a la altura (normalmente no hay sombra de los árboles, por ejemplo) y a la orientación (una de las superficies del tejado suele estar orientada al sur). Si el montaje en la superficie del tejado no es una opción, se pueden considerar alternativas como el tejado de un garaje, una nave, una cochera o incluso un espacio abierto. Si estás planificando el sistema fotovoltaico para una casa nueva, también puedes integrar el sistema fotovoltaico directamente en el tejado (el llamado sistema en el tejado) o incluso instalar tejas solares.

Las tejas solares son una combinación de tejas con un módulo fotovoltaico integrado. Desde una distancia mayor, apenas se distinguen de las tejas normales. Hay varios proveedores y diseños para ello. Las tejas se enganchan en los listones del tejado como las tejas convencionales y también se conectan inmediatamente. Las tejas solares siguen siendo relativamente caras.

A continuación veremos el montaje de módulos fotovoltaicos convencionales en el tejado de una casa. Según el tipo de tejado, hay diferentes sistemas de montaje.

<u>**Nota:**</u> El tejado debe ser siempre capaz de soportar la carga de los módulos fotovoltaicos (además de cualquier carga de nieve), es decir, debe estar diseñado estructuralmente para ello. Si no estás seguro, puedes consultar a un ingeniero de estructuras. El sistema fotovoltaico no debe obstruir el drenaje del agua de lluvia, de lo contrario pueden producirse daños en el tejado.

Por lo general, los módulos fotovoltaicos se montan en una subestructura adecuada de perfiles de aluminio, que a su vez se anclan en el tejado. En función de la forma del tejado (tejado a dos aguas, tejado plano, tejado a un agua, tejado a cuatro aguas...) se utilizan diferentes subestructuras y en función de la teja (teja, pizarra...) se utilizan diferentes métodos de montaje. Veamos dos ejemplos.

4.3.1 Montaje en el techo de la silla de montar

Los módulos fotovoltaicos se montan paralelos a la superficie del tejado en un tejado a dos aguas o, en general, en formas de tejado con una pendiente suficientemente pronunciada.

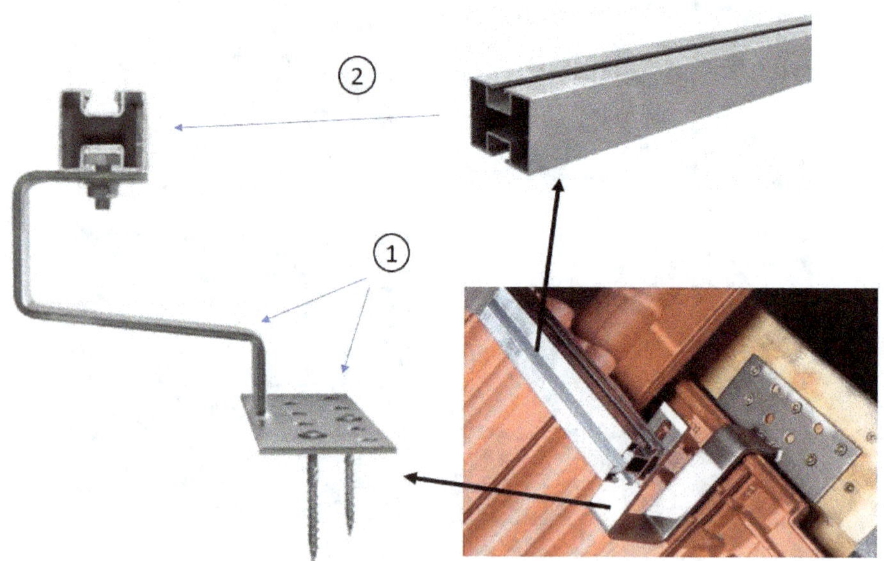

Debajo de las tejas, se atornillan a los listones del tejado varios de los llamados ganchos de tejado o anclajes de tejado **(1)**. A continuación, se montan perfiles de aluminio **(2)** entre estos ganchos de tejado para soportar los módulos fotovoltaicos. Ver la imagen de arriba.

Dependiendo del tipo de tejado (tejas, tablillas, tejas lisas...), necesitas el tipo de gancho de tejado adecuado. Los pernos de suspensión **(1)** se utilizan para tejados de chapa ondulada trapezoidal, la versión **(2)** para tejados de pizarra, la versión **(3)** para tejas lisas. También puedes sustituir las tejas en la zona de los ganchos del tejado por tejas de chapa **(4)** y **(5).** Esto puede evitar que la teja se rompa por debajo del gancho del tejado. Las tejas convencionales pueden romperse -con el tiempo- debido a la carga que actúa sobre la teja por debajo del gancho del tejado.

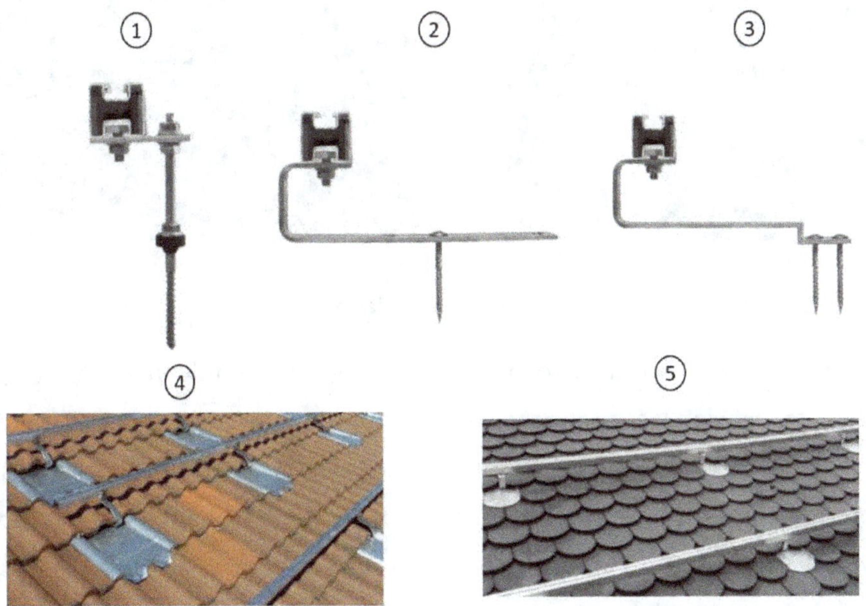

A continuación, los módulos fotovoltaicos se fijan a los perfiles de aluminio con la ayuda de abrazaderas para módulos (material de montaje: tacos deslizantes y tornillos). Hay abrazaderas centrales del módulo **(1)**, que se utilizan entre dos módulos fotovoltaicos, y abrazaderas finales del módulo **(2)** para las zonas de los bordes.

4.3.2 Montaje en tejado plano

En un tejado plano o sin suficiente pendiente, la situación de montaje es algo diferente. Debido a la falta de pendiente, los módulos fotovoltaicos están elevados para mejorar el rendimiento de la radiación solar. Elevado significa que se construye una estructura en forma de triángulo debajo de los módulos fotovoltaicos. Esto crea una pendiente suficiente. Además de un mejor aprovechamiento solar, se produce un efecto de autolimpieza debido a un ángulo de 25º o más, ya que la suciedad y los residuos pueden ser arrastrados mejor cuando llueve.

La elevación también se utiliza para los sistemas montados en el suelo. Aquí también encontrarás una subestructura más compleja.

Además o en lugar del tejado, la fachada de la casa también puede utilizarse para un sistema fotovoltaico. Los módulos de capa fina son especialmente adecuados en este caso.

4.4 Aceptación y puesta en marcha

Si quieres instalar un sistema fotovoltaico en tu tejado, la orientación de un experto en fotovoltaica o de un electricista es de gran importancia para tu proyecto individual. En este libro aprenderás los fundamentos de los sistemas fotovoltaicos y también aprenderás con ejemplos prácticos cómo planificar un sistema fotovoltaico, pero lo que finalmente será tu proyecto individual debe ser revisado de nuevo por un experto. Ten en cuenta que una planificación, un diseño o una instalación incorrectos pueden causar daños considerables a objetos y personas. Los daños más comunes en los tejados, en las personas o en toda la casa son los causados por el fuego, la tormenta, la carga de nieve y los rayos. Por lo tanto, ¡asegúrate de obtener asesoramiento adicional para la planificación e instalación de tu sistema fotovoltaico individual! Si te decides por un sistema fotovoltaico con inyección a la red, dependiendo del país, tendrás que encargar a un electricista de todos modos (al menos para conectar el sistema fotovoltaico). Sin embargo, puedes instalar los módulos tú mismo. Infórmate sobre las leyes y los requisitos de información que se aplican en tu país. Además, debes hacer que te cambien el contador de electricidad cuando inyectes electricidad fotovoltaica a la red si no has instalado un contador bidireccional.

4.5 Forma especial: minisistemas fotovoltaicos o centrales eléctricas de balcón

Además de los sistemas fotovoltaicos instalados permanentemente con varios módulos, desde hace algún tiempo también es posible utilizar pequeños sistemas fotovoltaicos enchufables. Estos sistemas fotovoltaicos formados por sólo uno o dos o tres módulos **(1)** con inversores de módulo integrados o microinversores adicionales **(2)** suelen denominarse también centrales eléctricas de balcón o sistemas fotovoltaicos de guerrilla. El nombre de central eléctrica de balcón ya sugiere que este tipo de sistema fotovoltaico puede instalarse principalmente en un balcón o terraza. Esto significa que incluso los inquilinos pueden generar su propia electricidad. Con la ayuda de una toma de corriente especial **(3)** (sustituida por una toma normal por un electricista cualificado), el sistema puede conectarse directamente al circuito eléctrico del piso, reduciendo así el consumo de electricidad. Este enchufe especial tiene un diseño más robusto que un enchufe normal y sirve para proteger contra incendios o cortocircuitos.

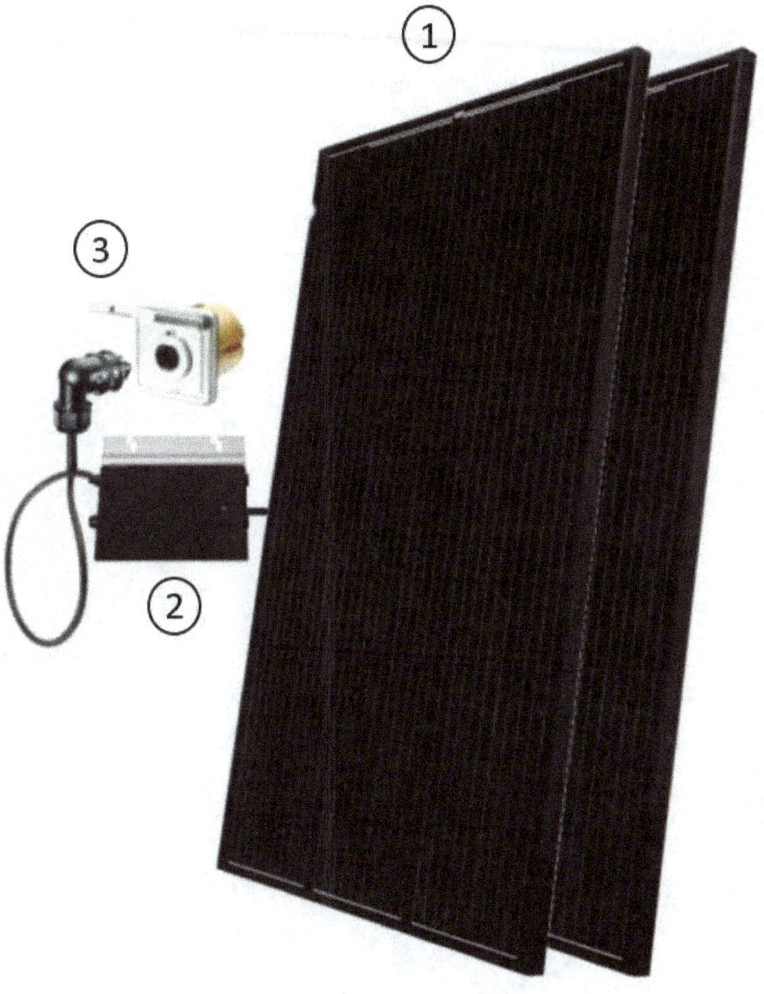

Si la minisistema fotovoltaica no proporciona más de 600 vatios de potencia de salida y está certificada según la norma de seguridad DGS 0001, la conexión también puede hacerse a un enchufe doméstico estándar, según la Sociedad Alemana de Energía Solar (DGS). En general, según el consumo de electricidad y el tamaño de la minisistema fotovoltaico, debes averiguar también si el contador de electricidad incorporado al piso es lo suficientemente moderno como para que no funcione al revés si se introduce más electricidad de la que se consume. En cualquier caso, la instalación del minisistema fotovoltaico en el balcón puede tener que ser aprobada por el propietario o la administración de la propiedad. Lo mejor es que preguntes a tu casero sobre esto.

5 Ejemplo práctico: Sistema de isla para casa móvil o Tiny House

5.1 Planificación, selección de componentes y conexión del sistema fotovoltaico autónomo

En este capítulo veremos en detalle un ejemplo práctico de cómo podría ser la planificación, la selección de componentes y la conexión de un sistema sin conexión a la red para, por ejemplo, una casa móvil o una Tiny House. Procederemos paso a paso.

En este ejemplo, suponemos que el lugar de instalación (por ejemplo, la superficie del tejado) puede soportar la carga del sistema fotovoltaico y que la orientación no puede cambiarse o, en el caso de la casa móvil, que está orientada al sur. Además, suponemos un funcionamiento puramente estival (con consumo diario de electricidad) de la instalación fotovoltaica.

5.1.1 Paso 1: Estimar el consumo de electricidad

Este paso consiste en calcular el consumo de electricidad de la Tiny House o la casa móvil. Tenemos que hacerlo para obtener el número correcto de módulos fotovoltaicos para la planificación posterior. Al fin y al cabo, el sistema fotovoltaico no debe estar sobredimensionado, pero tampoco infradimensionado. Suponemos, por ejemplo, que queremos hacer funcionar un frigorífico, un pequeño televisor y la iluminación en nuestra casa móvil o Tiny House. También nos gustaría tener una toma de corriente adicional de 230 V para cargar un portátil o un teléfono móvil. Por supuesto, también puedes añadir aparatos individuales. Anotamos estos consumidores en una tabla, con una columna para el nombre del aparato, una columna para la demanda de energía [W] y una columna para la duración del uso [h]. Una vez que hayas enumerado todos los aparatos, anota el número de horas que se encienden cada día. El compresor de refrigeración del frigorífico no funciona permanentemente las 24 horas del día, sino que sólo se enciende cuando la temperatura real supera la temperatura ajustada deseada. Aquí puedes echar un vistazo a la hoja de datos para obtener el consumo medio de energía. Planeamos unas 4 horas de funcionamiento a 50W al día. Planificamos el televisor con 2 horas de uso diario, el enchufe con 3 horas y la iluminación con 4 horas (meses de verano). En general, es mejor planificar un poco más para que haya suficientes reservas. En la tercera columna, anotamos la potencia en vatios de los distintos aparatos, basándonos en la información de la placa de características del aparato. Podemos calcular la demanda total de energía en vatios-hora multiplicando los vatios de los aparatos por las horas necesarias para su funcionamiento y sumando los resultados individuales. Esto podría ser así, por ejemplo:

Designación del dispositivo	Demanda de energía [W]	Horas de uso [h]	Demanda total de energía por día [Wh]
Frigorífico	50	4	200
Iluminación	20	4	80
TV	40	2	80
Toma de corriente (PC)	90	3	270
			= 630 Wh = 0,63 kWh

Después de haber calculado la carga total en vatios y la demanda total de energía en kilovatios hora, podemos estimar la capacidad de nuestro sistema solar y de nuestro almacenamiento de baterías. Pero antes, tenemos que ocuparnos de un punto esencial en la planificación: la tensión del sistema.

5.1.2 Paso 2: Planificar la tensión del sistema

Antes de pasar a la selección de nuestro almacenamiento en baterías, nos ocupamos de la tensión del sistema para nuestro sistema fotovoltaico autónomo. Este paso es muy importante porque la tensión del sistema elegida influye en la selección de los siguientes componentes. Básicamente, un sistema fotovoltaico autónomo puede funcionar normalmente con una tensión de sistema de 12 V, 24 V o incluso 48 V. La tensión del sistema se refiere a la tensión que fluye en el sistema (es decir, entre los módulos fotovoltaicos conectados, a través del controlador de carga, hacia el almacenamiento de la batería). Cuanto mayor sea la instalación fotovoltaica, mayor deberá ser la tensión del sistema para ahorrar costes (especialmente para el regulador de carga). A partir de los 500 Wp de potencia total del sistema fotovoltaico previsto, debes considerar el cambio de 12V a 24V. Una tensión más alta también tiene la ventaja de que las distancias más largas (cables) están asociadas a menos pérdidas. Además, se necesita un cable menos grueso (menor sección de cable) a tensiones más altas, ya que la corriente se reduce para la misma potencia (P = U x I). Si te mantienes por debajo de los 500 Wp de potencia total de los módulos fotovoltaicos y posiblemente incluso tienes algunos consumidores de 12 V, puedes planificar un sistema de 12 V. Veremos en detalle cómo nos afectan las diferentes tensiones del sistema en el transcurso de los próximos pasos. En nuestro caso, nos decidimos por un sistema de 24V.

5.1.3 Paso 3: Calcular el tamaño del almacenamiento de la batería

Como estamos planeando un sistema fotovoltaico sin conexión a la red, necesitamos un sistema de almacenamiento de baterías que cubra suficientemente nuestras necesidades de electricidad aunque no haya sol o el sol brille muy débilmente (debido a: nubes, noche...). Para ello, tenemos que calcular el tamaño del almacenamiento de la batería. Para ello, utilizamos la demanda total de energía determinada en el paso 1. Además, planificamos una reserva para que nuestro suministro de energía también funcione si el sol no brilla durante varios días. Planeamos esta reserva con 2 días. Esto significa que el suministro de energía puede mantenerse durante 2 días aunque haya muy poca luz solar (es decir, la batería apenas se carga). Para ello, multiplicamos nuestra necesidad energética total calculada de 630 Wh por un factor de 2 (2 días de autosuficiencia): 630 Wh x

2 = 1260 Wh. En este paso, también podemos incluir una reserva de capacidad de, por ejemplo, un 30-50 % para compensar las pérdidas de la línea y una menor duración del sol. En este caso, el valor calculado hasta ahora se multiplicaría por 1,3 (reserva del 30 %) o por 1,5 (reserva del 50 %). Para nuestro funcionamiento puramente estival, con una elevada duración de la insolación, prescindimos de ello en este ejemplo. Sin embargo, para tu proyecto individual, se recomienda considerar una reserva de al menos el 15 %.

Ahora, para obtener la capacidad del almacenamiento de la batería, tenemos que dividir nuestro resultado en Wh por la tensión de la batería (queremos utilizar una tensión del sistema de 24 V). Entonces obtenemos la capacidad necesaria de la batería en Ah (amperios hora). Esto significa: 1260 Wh / 24 V = 52,5 Ah.

Además, hay que tener en cuenta que la capacidad de la batería no debe descender por debajo de un determinado valor para no descargar demasiado el acumulador y así poder dañarlo. Para ello es aceptable un valor entre el 50 y el 80 % de la capacidad de la batería. Las baterías de plomo, por ejemplo, sólo pueden descargarse al 50 % (o según las especificaciones del fabricante para los tipos especiales de AGM). Por tanto, en este caso debemos multiplicar la capacidad de nuestra batería calculada anteriormente en Ah por el factor 2: 2 x 52,5 Ah = 105 Ah.

Si elegimos una batería de plomo, definitivamente debemos elegir una batería solar especial o una batería de plomo con tecnología AGM o de gel. La diferencia entre estos dos tipos de pilas es la unión del electrolito. Si elegimos una tecnología más moderna y compacta, por ejemplo un acumulador de litio, sólo tenemos que considerar un 10-25% de capacidad residual en lugar de un 50% para la descarga de la batería. Sin embargo, el almacenamiento en baterías de litio es significativamente más caro que las baterías convencionales de plomo-ácido. Las ventajas e inconvenientes se resumen claramente en el siguiente cuadro:

	GEL	AGM	Litio
Ciclos de carga	500 - 1800	400 - 1500	2000 - 5000
De por vida	10 - 12 años	7 - 12 años	Más de 12 años
Ventajas	Mayor profundidad de descarga, costes moderados	Alta corriente, bajo coste, baja autodescarga	Alta corriente, posibilidad de descarga muy profunda, alta eficiencia, compacto, muy baja autodescarga
Desventajas	Gran necesidad de espacio	Menor profundidad de descarga, mayor necesidad de espacio	Costes elevados

En nuestro caso, optamos por una batería AGM porque huimos de los mayores costes de una inversión en baterías de litio. Aunque las baterías de litio merecen la pena a largo plazo, al principio son de tres a cinco veces más caras que las baterías AGM.

Así que ahora hemos calculado un valor de 105 Ah para nuestra batería de almacenamiento. Ahora podríamos utilizar una sola batería AGM de 105 Ah de capacidad para esto. Entonces tendría que tener 24 V, pero la mayoría de las baterías AGM sólo tienen 12 V. Para conseguir los 24 V necesarios, tenemos que conectar dos pilas en serie (conexión en serie: la tensión se suma, la corriente permanece igual). Si la capacidad de las baterías seleccionadas no es suficiente, también podemos conectar más baterías en paralelo (conexión en paralelo: la fuerza de la corriente se suma, el voltaje permanece igual). En nuestro caso, por ejemplo, elegimos dos baterías "12V 110Ah Deep Cycle AGM" de "Victron Energy", que conectamos en serie. Entonces obtenemos 24V 110Ah. Se necesitan 105Ah, es decir, quedan 5Ah como reserva. Por cierto, en el último paso veremos en detalle cómo conectar todos los componentes.

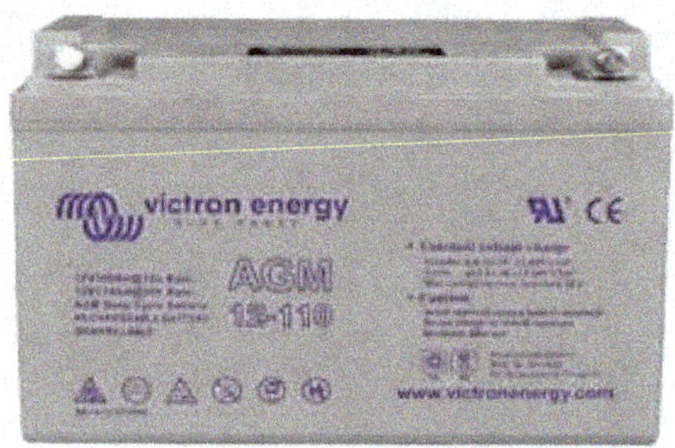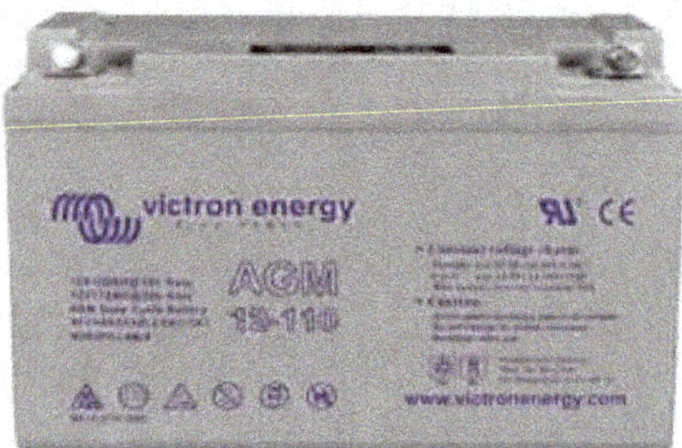

https://greenakku.de/Batterien/AGM-Batterien/Victron-Energy-12V-110Ah-Deep-Cycle-AGM-Batterie::1179.html

Nota: Con una tensión del sistema de 12 V, habríamos obtenido un valor de 210 Ah para la capacidad de la batería con 1260 Wh / 12 V = 105 Ah y con un 50% de capacidad residual (2 x 105 Ah). Para ello podríamos haber previsto, por ejemplo, una batería más grande de "Victron Energy" con 12V 220 Ah. Si comparas los precios, pagarás aproximadamente (!) el mismo precio en ambos casos. Sin embargo, la diferencia de precio será significativamente diferente para el regulador de carga solar.

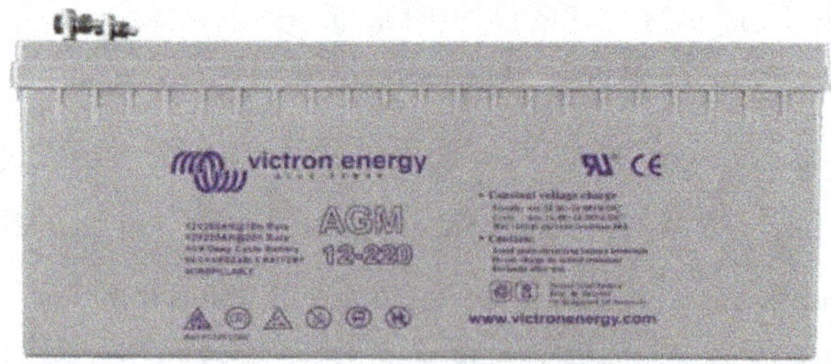

https://greenakku.de/Batterien/AGM-Batterien/Victron-Energy-12V-220Ah-Deep-Cycle-AGM-Batterie::1189.html

Si quieres optar por la tecnología de litio, una alternativa de litio sería, por ejemplo, la batería de litio de "Liontron" con 25,6V y 100A. Por cierto, en los almacenes de baterías de litio puedes encontrar fácilmente baterías de 24V y 48V, por lo que una sola batería es suficiente en este caso. En este caso, la capacidad [Ah] del almacenamiento de la batería de litio sería incluso demasiado grande, ya que no tenemos que considerar un 50 % de capacidad residual con el litio, sino sólo un 20 % (ver el cálculo y las explicaciones anteriores). Con un factor de 1,25 en lugar de un factor de 2, llegaríamos a una capacidad de batería de 65,6 Ah (1,25 x 52,5 Ah = 65,6 Ah), es decir, una batería de litio de 65-70 Ah también sería suficiente para esto. Una batería de litio seguirá siendo mucho más cara, pero la relación precio-rendimiento es mucho mejor en este caso.

https://greenakku.de/Batterien/Lithium-Batterien/24V-Lithium/LIONTRON-Lithium-24V-100Ah-mit-BMS::1569.html

5.1.4 Paso 4: Determinar el tamaño y el número de módulos fotovoltaicos

A estas alturas, ya sabemos cuál será nuestra demanda total de energía y el almacenamiento de las baterías. Para garantizar que nuestras baterías solares también se carguen, en este paso nos ocupamos de la selección y el dimensionamiento de los módulos fotovoltaicos. Antes de poder hacerlo, necesitamos datos sobre el lugar de instalación, la orientación de nuestro sistema y el ángulo óptimo de instalación. Para que no resulte demasiado complejo, partimos de la base de que nuestra Tiny House o autocaravana se encuentra permanentemente en un lugar (por ejemplo, en un camping) y no se conduce a diferentes lugares.

Como ya sabemos, debemos orientar nuestros módulos fotovoltaicos lo más cerca posible del sur cuando estemos en el hemisferio norte (Europa, EEUU...). Además, no debe haber sombra en los módulos a lo largo del día. La mejor manera de probarlo en el lugar que hayas elegido es observar el curso de las sombras durante varios días.

Para obtener el ángulo de instalación óptimo, hay que tener en cuenta la ubicación (latitud) y la estación del año (en nuestro caso: modo verano). Para ello, podemos echar un vistazo a un mapa o leer los datos exactos con la ayuda de dos herramientas online que necesitaremos más adelante. Se trata, por ejemplo, de la herramienta "PVGIS", con la que se pueden determinar los parámetros de los sistemas fotovoltaicos para una ubicación concreta. Esta herramienta se encuentra en el siguiente sitio web:

https://re.jrc.ec.europa.eu/pvg_tools/en/

También puedes utilizar la página web: https://globalsolaratlas.info/ para conocer los parámetros solares de una zona concreta. Sin embargo, nos ocuparemos de este sitio web en el próximo capítulo.

En primer lugar, nos ocupamos de la herramienta "PVGIS". Podemos introducir la dirección deseada del lugar a visualizar en el área de la parte inferior izquierda. En nuestro ejemplo utilizamos la ubicación de Múnich en Baviera. Con un clic en "Go" se selecciona la ubicación.

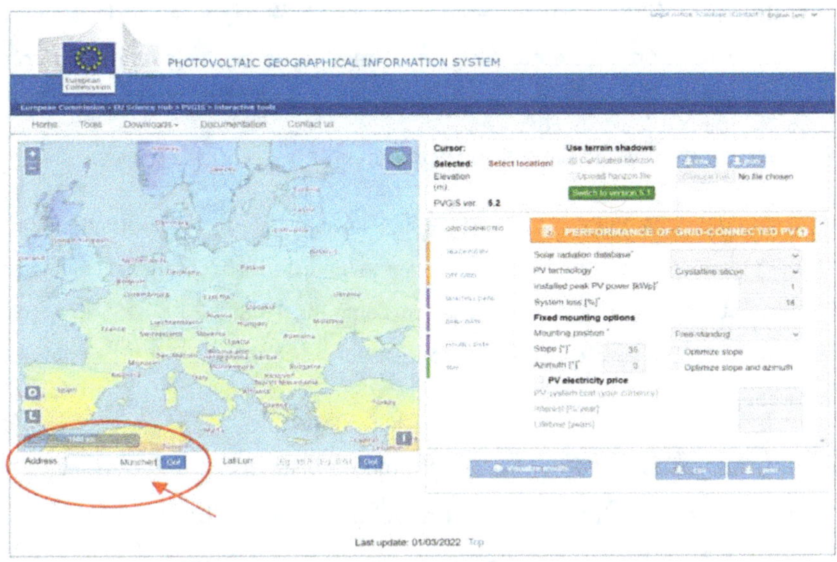

A continuación, obtenemos una vista detallada de la ubicación y la latitud y longitud seleccionadas, así como una indicación de la altitud de la ubicación en la zona marcada.

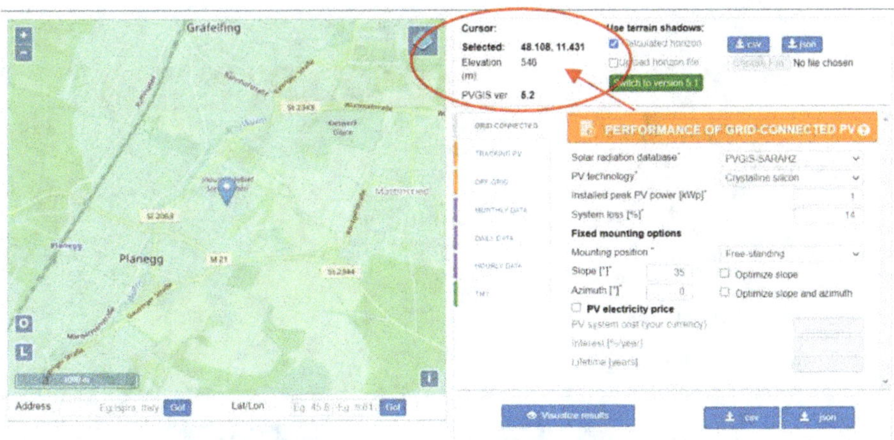

Así, en el primer paso obtenemos la latitud necesaria, es decir, unos 48° para la ubicación de Múnich. Para calcular el ángulo óptimo de instalación de nuestros módulos fotovoltaicos, utilizamos la siguiente fórmula: 90° menos el punto alto del sol en "x" grados. Obtenemos el pico del sol con 90° - (48° - 23°) = 65°. Esto significa para el **ángulo óptimo de instalación**: 90° - 65° **= 25°**. Los 23° corresponden al ángulo de inclinación aproximado de la Tierra. Así, hemos calculado que con un ángulo de instalación de 25° y una orientación al sur, obtendremos el máximo rendimiento energético el día del solsticio de verano.

Nota: Si prefiriéramos que el sistema de la isla funcionara todo el año, tendríamos que diseñar el sistema para que funcionara en invierno. En este caso, obtenemos el ángulo de instalación óptimo si calculamos el pico del sol como 90° - (48° + 23°) = 19°. El ángulo de instalación óptimo en este caso sería entonces: 90° - 19° = 71°, es decir, bastante más pronunciado.

Ahora que hemos calculado el ángulo óptimo de instalación, podemos calcular el rendimiento de nuestro sistema fotovoltaico en la herramienta "PVGIS" introduciendo algunos parámetros necesarios. Para ello, cambiamos el tipo de sistema en la zona central a "OFF-GRID", ya que estamos planeando un sistema autónomo fuera de la red.

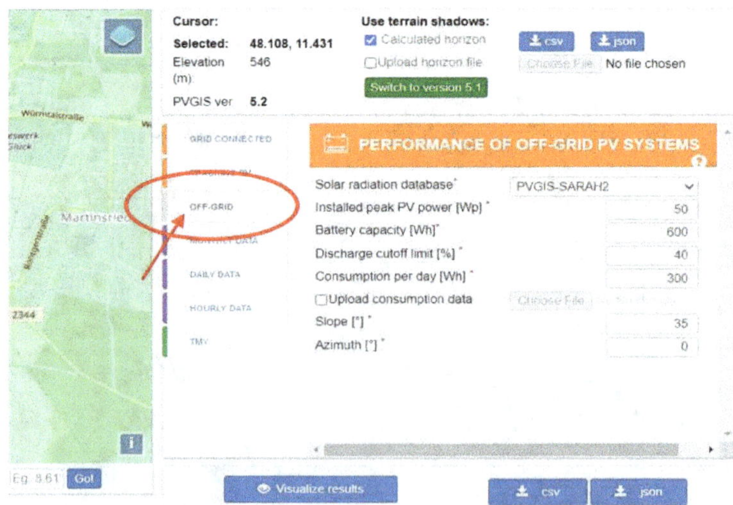

Ahora vamos a empezar a introducir nuestros valores. Comenzamos con el ángulo de incidencia ("Slope") y la orientación ("Azimuth") en la parte inferior de los campos de entrada. En "Slope" introducimos el ángulo de montaje calculado de 25° y en "Azimuth" introducimos 0° (corresponde a la orientación al sur). Hasta ahora, seguimos teniendo la demanda total de energía de 630 Wh calculada en el primer paso, que introducimos en "Consumption per day [Wh]". Como "Solar radiation database" dejamos la base de datos "PVGIS-SARAH2", que contiene datos de 2005 a 2020. También hemos calculado ya la capacidad de la batería (en realidad 105 Ah, pero utilizamos una batería de 110 Ah). Tenemos que convertir este Ah en Wh (110 Ah x 24V = 2640 Wh) e introducirlo en "Battery capacity [Wh]". En "Discharge cutoff limit [%]" introducimos el 50 % de profundidad de descarga medido en el paso anterior.

Queda un parámetro, que es "Installed peak PV power [Wp]". Queremos averiguar este valor, así que primero introducimos un valor cualquiera, por ejemplo, 500 [Wp] y se nos mostrarán los resultados. Así podremos ver si necesitamos una mayor potencia total del módulo fotovoltaico o si ya es demasiado alta. Para ello, hacemos clic en "Visualize results" y luego en el botón "Performance" para poder evaluar los días con la batería llena o vacía.

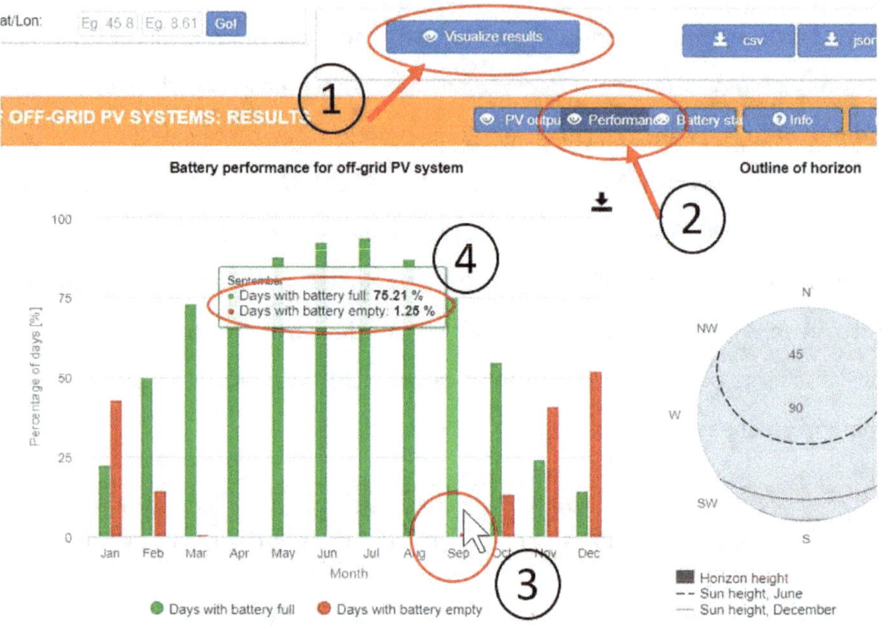

Ahora vemos que en los meses de abril a septiembre sólo encontraríamos una batería vacía un máximo del 1,25 % de los días del mes de septiembre (vacía significa aquí descargada al 50 % debido al límite de descarga introducido). Esto significa que con módulos fotovoltaicos con una potencia total de 500 Wp, ya estaríamos bastante bien equipados.

Basándonos en el mes de septiembre, esto significaría que probablemente sólo tendríamos que arreglárnoslas con una batería vacía (= 50 % descargada) durante una fracción de día (30 días x 1,25 % = 0,375 días). En los meses de invierno, como puede verse en las barras rojas, la situación es muy diferente. Sin embargo, como ya he dicho, sólo contemplamos el funcionamiento en verano (abril-septiembre). Para no tener que gestionar un solo día con la batería vacía, simplemente aumentamos la potencia total en pasos de 50 Wp hasta que ya no veamos una barra roja entre abril y septiembre ("Days with battery empty" por debajo del 0,5 %). En este ejemplo, esto ya sería el caso con 550 Wp.

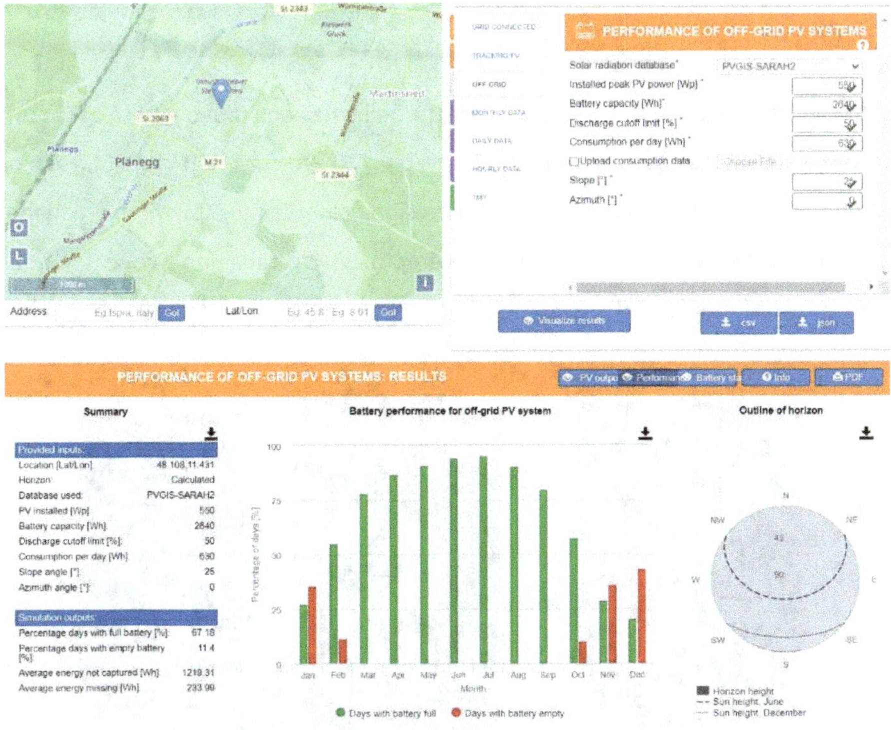

Así que necesitamos una potencia fotovoltaica total de unos 550 Wp. ¿Qué significa Wp de nuevo? Wp significa "Watt peak" e indica la potencia máxima de un módulo solar cuando funciona en condiciones óptimas (temperatura de la célula = 25 °C, irradiación = 1000 W/m², masa de aire = 1,5). Este valor puede utilizarse para comparar los módulos fotovoltaicos entre sí.

Los módulos fotovoltaicos están disponibles por término medio entre 50 Wp y 400 Wp, dependiendo del tamaño y el diseño.

En nuestro caso, por ejemplo, podríamos instalar dos módulos solares **monocristalinos de** 360 Wp "BlueSolar" de Victron Energy (por ejemplo, disponibles aquí: https://greenakku.de/Solarmodule/Solarmodule-ab-

200Wp/Victron-BlueSolar-Solarmodul-Monokristallin-360Wp::3678.html), o bien dos módulos de 330 Wp "BlueSolar" en diseño **policristalino** (por ejemplo, disponibles aquí: https://greenakku.de/Solarmodule/Solarmodule-ab-200Wp/Victron-BlueSolar-Solarmodul-Polykristallin-330Wp::3622.html).

Esto nos da incluso un poco más de potencia de la deseada (puede verse como una reserva). Entonces obtendríamos 2 x 360 Wp = 720 Wp o 2 x 330 Wp = 660 Wp en lugar de los 550 Wp necesarios. Si no quieres una reserva tan alta, también puedes elegir módulos más pequeños con, por ejemplo, 50 Wp cada uno y conectar 11 de ellos para obtener los 550 Wp.

Cabe mencionar que también hay paquetes ya preparados con módulos fotovoltaicos, almacenamiento en baterías, controlador de carga..., lo que a veces puede suponer una ventaja en el precio. Cuando busques, oriéntate por los parámetros necesarios (Wp para los módulos fotovoltaicos y kWh o Ah para el almacenamiento de la batería). Si también se incluye un controlador de carga en el paquete, lee primero el siguiente paso o, en general, es mejor leer todos los pasos por completo antes de tomar una decisión.

5.1.5 Paso 5: Controlador de carga

Como ahora sabemos la capacidad del almacenamiento de la batería y el número de módulos fotovoltaicos de nuestro proyecto de ejemplo, podemos continuar con el controlador de carga. ¿Para qué sirve un controlador de carga? Este componente garantiza que el acumulador se cargue con la tensión correcta, también evita la sobrecarga del acumulador, además protege el acumulador de una descarga profunda y garantiza una larga vida útil del sistema.

Básicamente, hay dos tipos diferentes de reguladores de carga, en primer lugar el tipo "PWM" y en segundo lugar el tipo "MPPT". Veamos brevemente las diferencias.

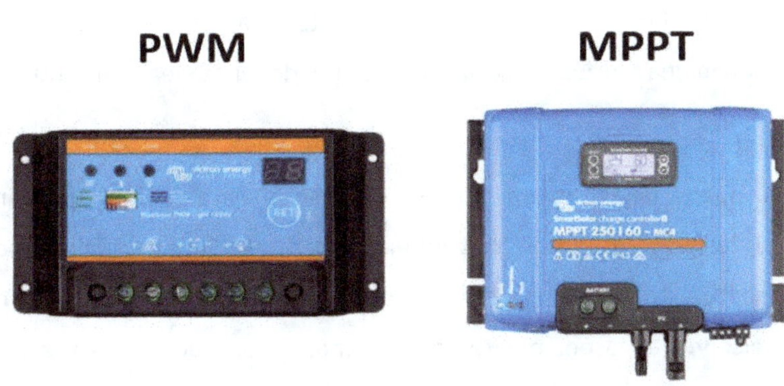

La abreviatura "PWM" significa modulación de la anchura de los impulsos. Hasta que la batería esté completamente cargada, este controlador de carga deja pasar prácticamente toda la corriente necesaria para cargar completamente la batería. Sólo cuando la batería está completamente cargada, el controlador de carga enciende y apaga el suministro de corriente a la batería de forma continua (tecnología PWM) para que la batería mantenga una tensión constante. Por lo tanto, puedes pensar simplemente en él como una especie de monitor que -en función del estado de tensión de la batería- enciende o apaga un interruptor. Siempre debe utilizarse un controlador de carga con modulación de anchura de impulsos cuando la tensión de los módulos fotovoltaicos interconectados sea similar a la tensión del almacenamiento de la batería (por ejemplo, el circuito fotovoltaico suministra ~ 12 V y el almacenamiento de la batería está previsto como un sistema de 12 V). Un controlador de carga PWM es más sencillo y barato que un controlador de carga MPPT y, por tanto, se utiliza sobre todo en sistemas fotovoltaicos más pequeños.

La abreviatura "MPPT" significa "Maximum Power Point Tracking". El "Maximum Power Point" es el punto en el que la relación entre la corriente y la tensión es óptima para generar la máxima potencia. Este punto cambia en función de la radiación solar, y el regulador de carga "MPPT" puede tenerlo en cuenta. Este controlador de carga es mucho más caro que un controlador de carga PWM, pero también es mucho más eficiente. Especialmente para sistemas fotovoltaicos más grandes y con una tensión fotovoltaica más alta, deberías elegir un controlador de carga "MPPT".

También puede faltar un convertidor CC-CC en nuestra configuración anterior, como se describe en uno de los capítulos anteriores. Sin embargo, como se ha mencionado, esto sólo es necesario si la tensión entre el circuito del módulo fotovoltaico y el almacenamiento de la batería no coincide. Si este fuera el caso, necesitaríamos un convertidor CC-CC si decidiéramos utilizar un controlador de carga PWM. Si, por el contrario, optamos por un controlador de carga "MPPT", la mayoría de los aparatos ya llevan incorporado internamente un convertidor de tensión CC-CC, por lo que podemos ahorrarnos un componente adicional.

Entonces, ¿cómo calculamos el tamaño del controlador de carga para nuestro sistema? Eso no es tan complicado.

En primer lugar, tenemos que seleccionar el controlador de carga en función del amperaje necesario [A]. Para ello, sólo tenemos que dividir la potencia total de nuestros módulos fotovoltaicos [Wp] por la tensión [V] del almacenamiento de la batería. En nuestro ejemplo, seleccionando los módulos fotovoltaicos de 2 x 330 Wp, esto significaría: 660 Wp / 24 V = 27,5 A. Por tanto, el regulador de carga solar debe suministrar al menos hasta 28 A de corriente de carga. Este cálculo también muestra por qué tiene más sentido elegir una tensión de batería más alta para sistemas fotovoltaicos más grandes o de mayor potencia [Wp]. Si hubiéramos elegido una tensión de sistema de 12 V para 660 Wp, necesitaríamos un controlador de carga bastante más alto (aproximadamente el doble de caro) con 660 Wp / 12 V = 55 A. Con un sistema de 1500 Wp, por ejemplo, necesitaríamos incluso un controlador de carga de 125 A para una tensión de batería de 12 V. Estos grandes reguladores de carga son muy caros y pueden evitarse planificando la tensión del sistema más alta. Con un voltaje de batería de 24 V, por ejemplo, bastaría un controlador de carga de 62,5 A, y con un voltaje de batería de 48 V, bastaría un controlador de carga de 31,25 A. Estos son significativamente más baratos.

En segundo lugar, debemos comprobar si el controlador de carga seleccionado está diseñado para la corriente total máxima de nuestra conexión de módulos fotovoltaicos. Para ello, buscamos este valor en la ficha técnica del controlador de carga y lo comparamos con la suma de todas las corrientes de los módulos fotovoltaicos conectados en paralelo. Porque, como sabemos, las corrientes individuales se suman en una conexión en paralelo, la tensión sigue siendo la misma. Por supuesto, la tensión del circuito del módulo también debe coincidir con la tensión de entrada del controlador de carga. Esto es importante sobre todo para una conexión en serie de módulos fotovoltaicos, porque aquí -como ya sabemos- las tensiones individuales se suman, pero la corriente sigue siendo la misma.

En nuestro caso, el regulador de carga solar "BlueSolar MPPT 100/30" con una tensión de batería de 12 V o 24 V (se ajusta automáticamente) y una corriente de carga de 30 A sería adecuado como regulador de carga MPPT. Aquí se puede aplicar una tensión fotovoltaica de hasta 100 V.

https://greenakku.de/Ladegeraete/Solarladeregler/MPPT-Solarladeregler/BlueSolar-MPPT-100-50-Solarladeregler-12-24V-50A::615.html

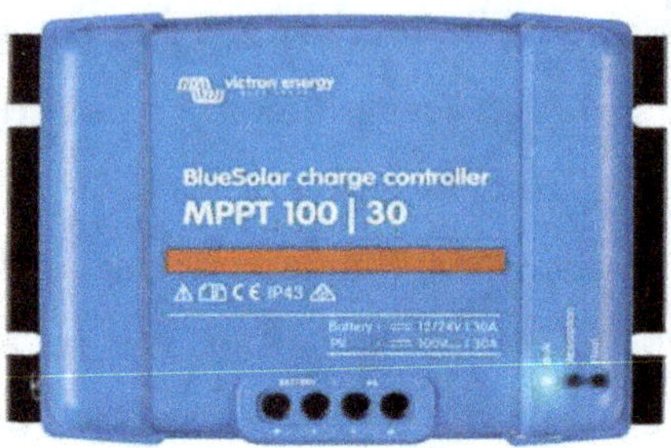

5.1.6 Paso 6: Inversor

Para poder abastecer a los consumidores de 230 V con nuestro sistema fotovoltaico, seguimos necesitando un inversor. En este caso, debemos elegir un inversor de onda sinusoidal pura, ya que es el que mejor representa la corriente doméstica. También hay inversores rectangulares e inversores trapezoidales. Para el dimensionamiento del inversor tenemos que sumar todos los consumidores para determinar la potencia máxima. Por supuesto, no todos los consumidores estarán siempre encendidos al mismo tiempo, pero asumimos el peor escenario (todos los consumidores encendidos al mismo tiempo) para el dimensionamiento. En nuestro caso, esto se vería así:

P_{max} = 50 W + 20 W + 40 W + 90 W = 180 W

Para ello, recordamos los consumidores previstos con los siguientes valores:

Frigorífico	50 W
Iluminación	20 W
TV	40 W
Toma de corriente (PC)	90 W

Aquí sólo hay que tener en cuenta los consumidores que se van a conectar a la alimentación de 230 V, es decir, al inversor. Podemos omitir aquí los dispositivos con alimentación de tensión de 12 V o 24 V, ya que no pueden alimentarse a través del inversor, sino directamente (o mediante un convertidor de tensión y una protección por fusible) a través del acumulador de baterías o del regulador de carga solar.

Como también hay que tener en cuenta las pérdidas al convertir la corriente continua en corriente alterna, planificamos una reserva, en función del inversor. Por ejemplo, suponemos que nuestro inversor tiene un rendimiento del 88 % (consulta la ficha técnica del fabricante). Esto significa, en general, que: P_{max} / eficiencia = potencia necesaria. En nuestro caso esto significa: 180W / 88 % = 204,54 vatios. No debes dimensionar demasiado el inversor y elegir uno más grande, ya que de lo contrario tendrás que comprar uno nuevo cuando amplíes el sistema fotovoltaico. La temperatura también influye en la potencia (ver hoja de datos).

En nuestro caso, por ejemplo, se trataría de un inversor "Phoenix" 24/500. El número 24 significa 24V, el número 500 significa VA (1 VA = 1 vatio), es decir, la potencia (necesitamos al menos 204,54 vatios). Este inversor convierte 24V en una tensión sinusoidal pura de 230V.

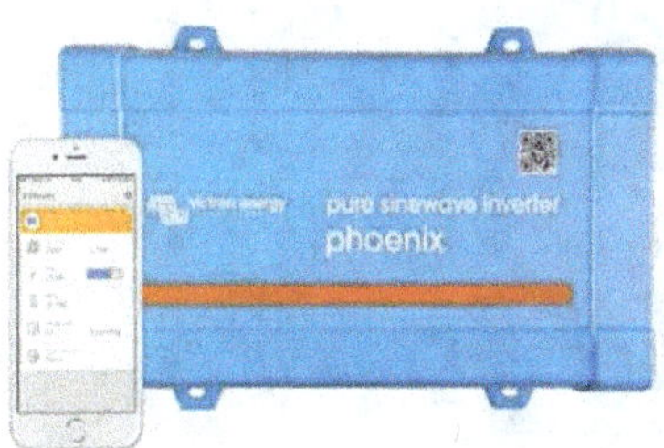

<https://greenakku.de/Wechselrichter/Offgridwechselrichter/Victron-Phoenix-Wechselrichter/Phoenix-Wechselrichter-24-500-230V-VE-Direct::816.html>

5.1.7 Paso 7: Conectar o configurar el sistema

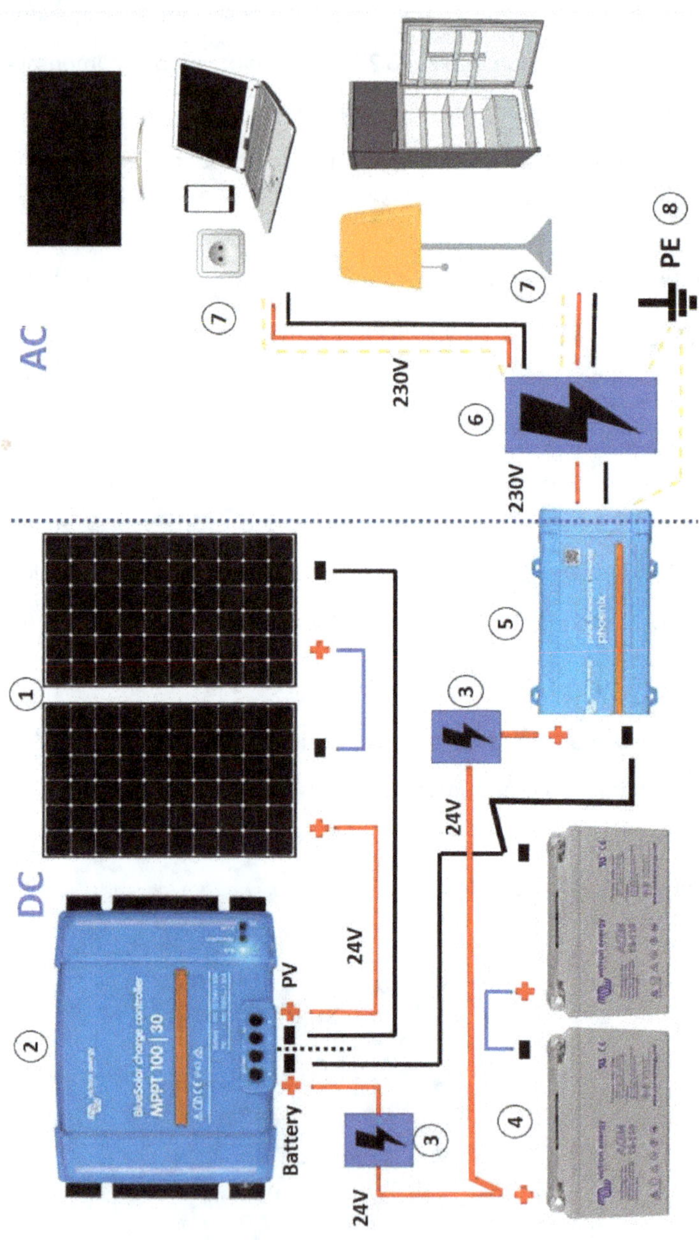

Ahora llegamos al cableado de nuestros componentes para nuestro mini sistema fotovoltaico. Como se muestra en la ilustración, la corriente procede de los módulos fotovoltaicos, que conectamos en serie **(1)** mediante cables solares especiales al regulador de carga **(2)** (conexión: "PV = Photovoltaic"). La batería **(4)** también se conecta en serie (2 x 12 V = 24 V) y se carga a través del controlador de carga **(2). En** medio se ha instalado un fusible de corriente continua **(3).** El inversor **(5)** toma la corriente continua -a través de un fusible **(3)**- directamente del almacenamiento de la batería. Ambos fusibles **(3)** deben instalarse lo más cerca posible del polo ("+") de la batería. Tras la conversión a corriente alterna, debe instalarse una caja de fusibles de CA con disyuntores. También debe considerarse una toma de tierra adecuada **(8)**. Finalmente, la corriente llega a los consumidores **(7)**.

Asegúrate de que las capacidades de las baterías que conectas en serie son las mismas (aquí, por ejemplo, 110 Ah cada una). Asegúrate también de seleccionar las secciones de cable y los fusibles correctos. Asegúrate de buscar el asesoramiento de un electricista si no estás seguro de esto para tu proyecto individual. En el peor de los casos, un diseño inadecuado podría provocar un incendio o lesiones personales.

La sección del cable depende de algunos parámetros, como la longitud, el amperaje y la tensión, y puede calcularse mediante las siguientes fórmulas:

Cálculo de la sección transversal del conductor para la **corriente continua:**

$$A = \frac{2 \cdot l \cdot I}{\gamma \cdot U_a}$$

Cálculo de la sección del cable para **corriente alterna monofásica:**

$$A = \frac{2 \cdot l \cdot I \cdot \cos \varphi}{\gamma \cdot U_a}$$

donde A = sección del conductor [mm²], l = longitud del conductor [m], I = intensidad de corriente [A], γ = conductividad del conductor [S/m], U_a = caída de tensión admisible del cable en %, cos φ = factor de potencia.

También puedes buscar en Internet un programa de cálculo adecuado en el que sólo tengas que introducir los parámetros.

En un sistema más pequeño de 12V o 24V o en un sistema fotovoltaico con un controlador de carga con una corriente de carga menor, suele haber una salida de corriente adicional directamente en el controlador de carga. Los pequeños consumidores pueden conectarse aquí. Esto debe distribuirse o fusionarse a través de un distribuidor de corriente continua **(9)**. El montaje podría modificarse como sigue. El lado de la CA (corriente alterna) puede, como antes, considerarse adicionalmente si es necesario.

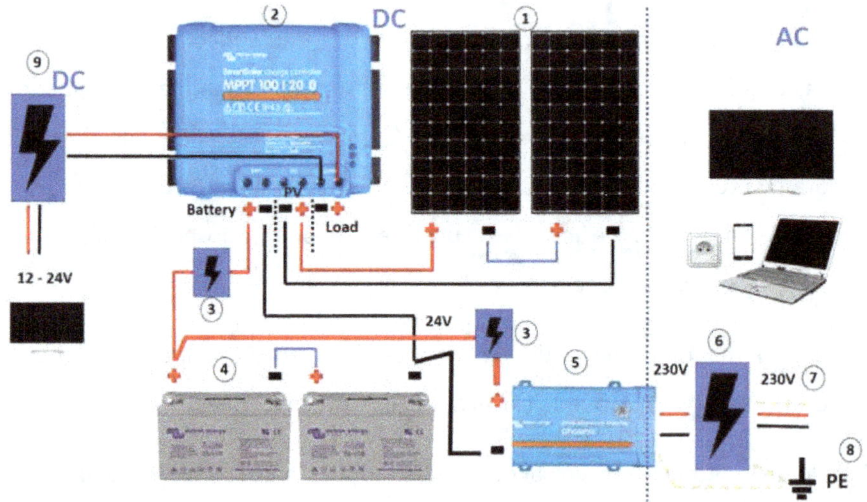

Sin embargo, los aparatos con una corriente de arranque elevada (secador de pelo, bomba, frigorífico) que pueden funcionar con 12V o 24V (sobre todo los aparatos de camping) no deben conectarse a la salida "Load" del regulador de carga, sino directamente al acumulador de la batería, a través de una caja de fusibles de CC. En cambio, la conexión a la salida "Load" del regulador de carga tiene la ventaja de que se desconecta cuando la carga de la batería es demasiado baja y, por tanto, protege contra la descarga profunda.

6 Planificar un sistema fotovoltaico para tu propia casa

Hasta ahora hemos aprendido mucho sobre la planificación y el diseño de un sistema fotovoltaico autónomo. En este capítulo veremos la planificación de un sistema fotovoltaico conectado a la red para una casa.

Como ya hemos dicho, la ayuda de un experto en energía fotovoltaica o de un electricista es de gran importancia para tu proyecto individual. De todos modos, un sistema fotovoltaico con inyección a la red debe ser conectado por un electricista. Por lo tanto, considera este capítulo como una base puramente informativa.

A continuación, volveremos a proceder paso a paso. Algunos aspectos serán similares a la planificación de un sistema insular, otros serán nuevos.

6.1 Paso 1: Comprobar el lugar de instalación o la superficie del tejado

El primer paso para planificar un sistema fotovoltaico es comprobar la superficie del tejado o el lugar donde se va a instalar el sistema solar. No tienes que instalar necesariamente un sistema fotovoltaico en el tejado de tu casa, también puedes montar tu sistema en el tejado de tu garaje o cerca del suelo. Sin embargo, aquí hay que tener en cuenta que los obstáculos de los alrededores (árboles, otras casas, la propia casa en el caso del tejado del garaje, ...) pueden contribuir al sombreado de un lugar bajo. Por lo tanto, la ubicación debe ser lo más alta posible o estar protegida de las sombras y -suponiendo que estemos en el hemisferio norte- orientada al sur, ya que es donde se puede maximizar la duración de la luz solar. Sin embargo, puede aceptarse una desviación de hasta el 30% en dirección al este o al oeste. Dependiendo de cómo quieras utilizar la electricidad generada (alimentación, uso propio, uso mixto), puedes considerar cómo quieres proceder. Puedes equipar toda la superficie útil del emplazamiento seleccionado con módulos FV para obtener la máxima potencia posible para el emplazamiento, o bien instalar sólo los módulos FV que cubran la demanda de electricidad deseada (por ejemplo, la tuya propia). En ambos casos, debes hacerte una idea de la superficie máxima disponible (por ejemplo, la superficie del techo) en este primer paso, midiéndola. Por un lado, puedes hacerlo manualmente con un metro, pero por otro lado, también puedes utilizar un software de planificación adecuado en un PC para hacerlo o calcularlo. También existe la posibilidad de medir la superficie del techo con drones, por ejemplo. En el caso de un tejado plano, es relativamente sencillo; aquí puedes tomar la superficie del suelo de la casa como superficie del tejado. Si se conoce la inclinación del tejado, también se puede calcular la superficie disponible a partir de ella. Hay muchos programas de cálculo en línea para este fin. Dentro de un momento veremos en detalle un programa de cálculo muy bueno. También hay que tener en cuenta, por ejemplo, la chimenea u otros elementos del tejado que reducen la superficie de instalación disponible. Por supuesto, también hay que comprobar si el tejado puede soportar la carga fotovoltaica adicional. Para ello, debes consultar a un experto (por ejemplo, un ingeniero de estructuras). Sin embargo, con un tejado moderno, no debería haber ningún problema en este sentido, por regla general.

Antes de continuar con los siguientes pasos para planificar nuestra instalación fotovoltaica, vamos a profundizar brevemente en la determinación de la radiación solar para un lugar concreto.

6.2 Paso 2: Comprobar la irradiación

En principio, la generación de electricidad solar depende directamente de la irradiación de una zona determinada. Por tanto, la selección del emplazamiento constituye un factor principal para el posterior éxito en la generación de energía solar. Como ya sabemos, la irradiancia se expresa generalmente en kWh/m^2 e indica la cantidad de potencia luminosa por metro cuadrado que incide en una zona.

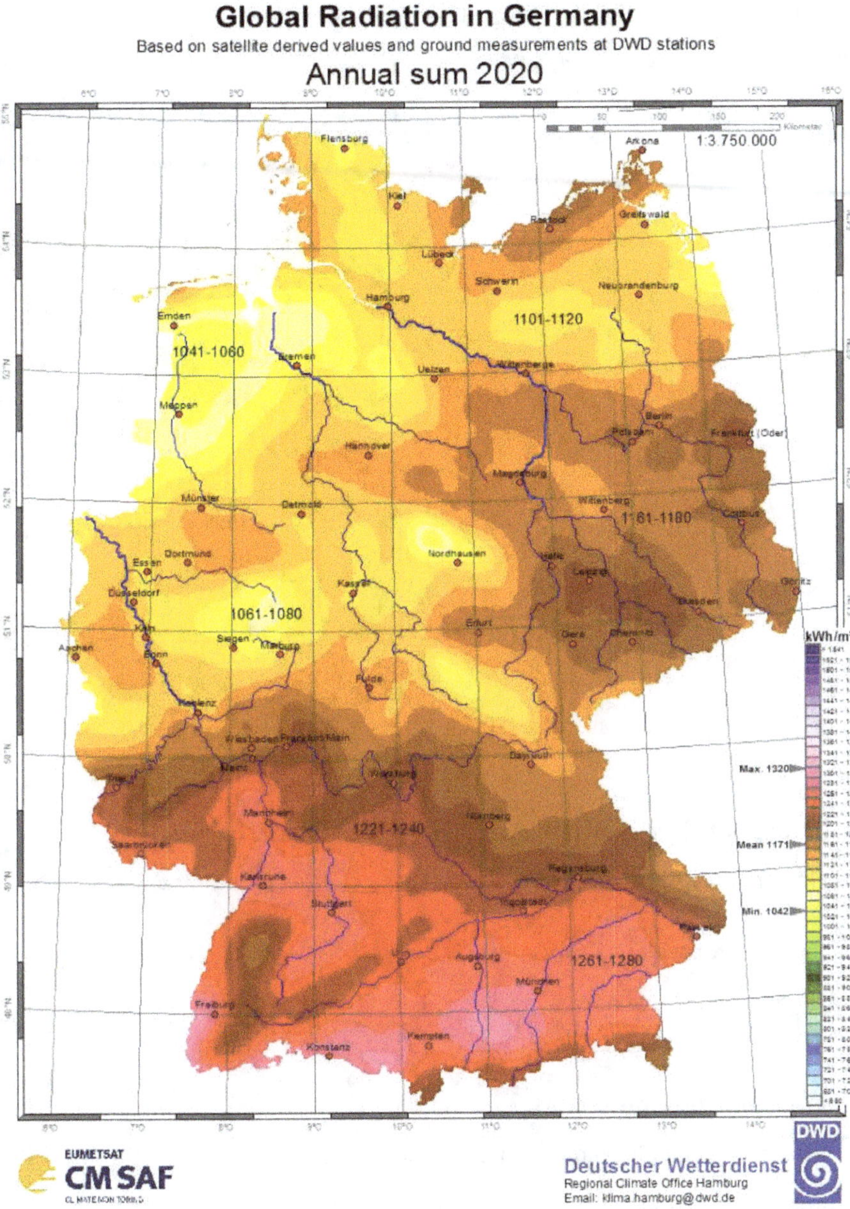

Para determinar la irradiancia de una zona determinada, podemos utilizar la página

https://globalsolaratlas.info/ (o la herramienta "PVGIS" como en el capítulo anterior). Sólo tenemos que introducir las coordenadas o el nombre de la zona y se mostrará el valor de la irradiancia.

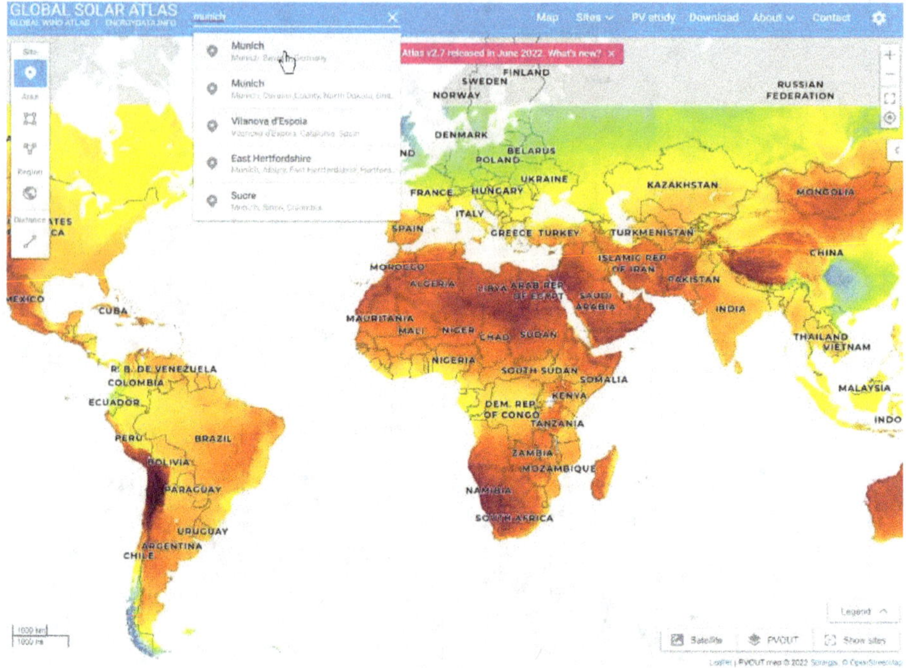

Tras introducir la ubicación deseada y abrir la barra lateral de la derecha, podemos ver la información deseada. Se muestran los siguientes parámetros:

- Potencia fotovoltaica específica
- Irradiación directa normal
- Irradiación horizontal global
- Irradiación horizontal difusa
- Irradiación global inclinada en el ángulo óptimo
- Inclinación óptima de los módulos fotovoltaicos, temperatura del aire y metros de altitud

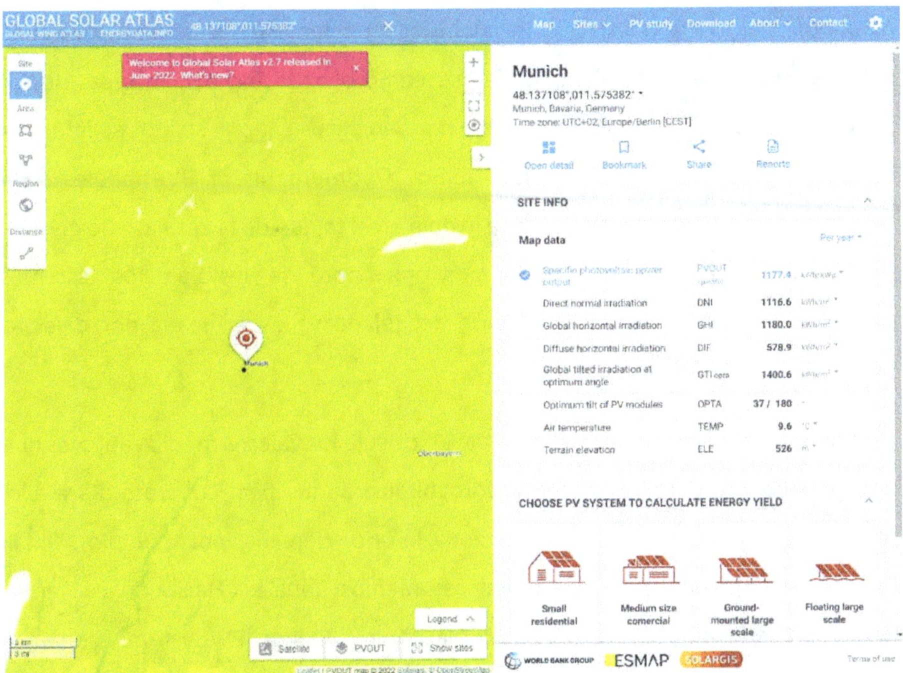

La irradiación varía según el movimiento del sol durante el año. El ángulo del sol varía entre 23,5 grados positivos en el solsticio de verano y 23,5 grados negativos en el solsticio de invierno.

Radiación global (radiación solar directa + difusa):

La irradiación solar se divide en irradiación solar directa y difusa y se denomina conjuntamente con el término irradiación global. La irradiación cambia a lo largo del año y depende del clima y de la ubicación de la zona correspondiente. La radiación difusa se debe a la dispersión de la luz por las nubes o la niebla. En cambio, la radiación directa incide directamente sobre la superficie de la Tierra, sin que se produzca una dispersión.

Inclinación de los módulos fotovoltaicos:

Los módulos fotovoltaicos se inclinan en un ángulo determinado para aprovechar la máxima radiación solar. Ya hemos tratado este tema en el ejemplo del sistema autónomo del capítulo anterior. Para el funcionamiento del sistema fotovoltaico durante todo el año, también podemos comprobar la inclinación ideal de los paneles fotovoltaicos mediante la página web https://globalsolaratlas.info/. La inclinación óptima se nos muestra como "Optimum tilt of PV-modules". Sin embargo, si el sistema fotovoltaico se instala en el tejado de la casa, por lo general se prescinde del ángulo óptimo y simplemente se instalan los sistemas fotovoltaicos paralelos a la inclinación del tejado ya especificada por diversas razones (esfuerzo, costes, estética...).

También podemos hacer que este sitio web calcule los valores medios anuales que podemos conseguir con un sistema fotovoltaico en un lugar concreto. Para ello, seleccionamos el caso de uso en la zona inferior derecha, por ejemplo, "Small residential" y así obtenemos los valores medios anuales. Haciendo clic en la pequeña rueda dentada azul etiquetada como "Change PV system" podemos ajustar los valores iniciales para el cálculo.

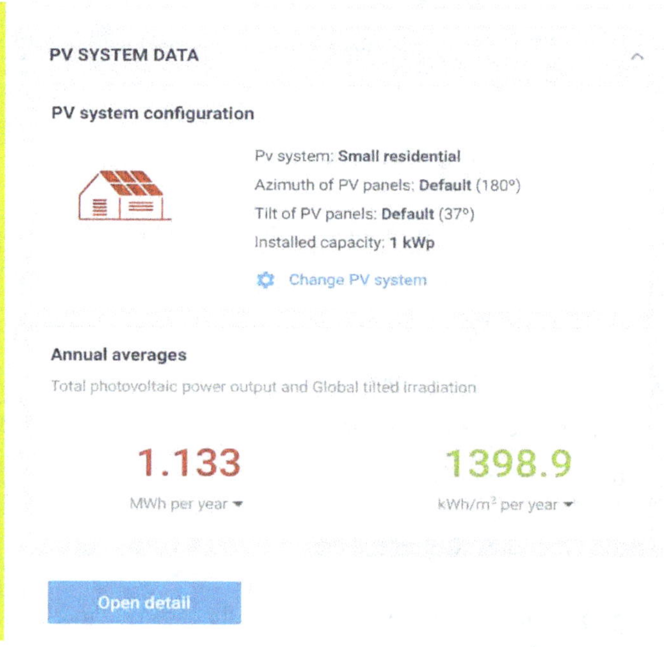

6.3 Paso 3: Comprobar el consumo de corriente o la carga a conectar

Una vez que hemos seleccionado nuestra ubicación y la hemos comprobado con respecto a la radiación solar, pasamos al tercer paso de la planificación. Este paso consiste en calcular el consumo de electricidad de tu hogar. Este paso es muy similar al ejemplo anterior del sistema autónomo. Sin embargo, hay algunas diferencias.

Distinguimos dos casos. En el primer caso, consideramos la planificación de un sistema fotovoltaico sin almacenamiento en baterías y para el autoconsumo de la electricidad. Para ello, debes hacer una lista de todos los consumidores críticos (frigorífico, lavadora, cocina eléctrica, ...) que te gustaría hacer funcionar durante el día con el sistema fotovoltaico. Para ello, crea una tabla con una columna para el nombre del aparato, una columna para la demanda de energía [W] y una columna para la duración del uso [h]. Una vez que hayas hecho una lista de todos los aparatos, anota el número de horas al día que estos aparatos están encendidos durante las horas de sol. Aquí sólo tenemos en cuenta el tiempo durante el día, porque un sistema fotovoltaico (sin almacenamiento en baterías) sólo suministra electricidad durante las horas de sol. El tercer paso en el cálculo de la carga es determinar la potencia en vatios de cada aparato a partir de la información de la placa de características e incluirla en la tabla. Ahora calcula la demanda total de energía en vatios-hora multiplicando los vatios de los aparatos por las horas necesarias para su funcionamiento. Esto podría ser así, por ejemplo:

Dispositivo	Demanda de energía [W]	Horas de uso [h]	Demanda total de energía por día [Wh]
Frigorífico	150	4	600
Lavadora	1500	3	4500
Cocina eléctrica	2500	1	2500
PC	100	3	300

...		Total:	= 7900 Wh = 7,9 kWh

Tras calcular la carga total en vatios y la demanda total de energía en vatios-hora, podemos estimar la capacidad de nuestro sistema solar.

En el segundo caso, consideramos la planificación de un sistema fotovoltaico <u>con</u> almacenamiento en batería y para el autoconsumo de la electricidad. En este caso, podemos ponérnoslo más fácil que en el primer caso. Para estimar la demanda total de energía, podemos simplemente echar un vistazo a nuestro contador de electricidad. El contador de electricidad está situado en el armario eléctrico de nuestra casa y cuenta nuestro consumo de electricidad de toda la casa en kWh. Para ello, anotamos el valor actual en un día medio, esperamos 24 horas y volvemos a leer el valor. De este modo, obtenemos rápida y fácilmente la demanda total de energía de un día medio en kWh. Si ahora multiplicamos la diferencia entre las dos lecturas por 365, obtendremos la demanda media de electricidad de nuestro hogar durante un año en kWh. Si quieres saberlo con más precisión, también puedes echar un vistazo a una antigua factura de electricidad. Aquí, el valor se da para un periodo de facturación (por ejemplo, 1 año). Para el consumo medio de electricidad por día, también podemos dividir este valor por 365.

6.4 Paso 4: Planificación detallada

Ahora que hemos tratado los pasos básicos de la planificación, podemos pasar a la planificación detallada del sistema fotovoltaico. Para ello, utilizaremos el programa de cálculo "PV*SOL" o "PV*SOL premium" de la empresa "Valentin Software". Hay una versión de prueba de 30 días, que es suficiente para la planificación no comercial de tu propia casa. Descarga el software en la siguiente dirección: https://valentin-software.com/en/downloads/. También hay muchos tutoriales sobre este software.

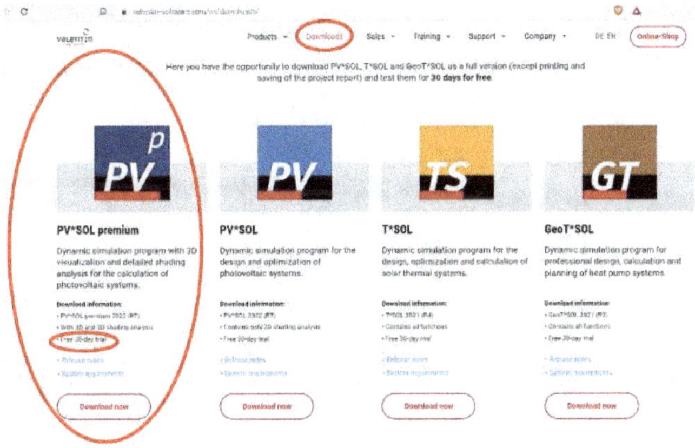

Este software nos guiará ahora paso a paso en la planificación detallada. Después de iniciar el programa, vemos varios botones en la barra de menú de la zona superior, cada uno de los cuales representa un paso de la planificación. Empezamos por el extremo izquierdo y nos dirigimos hacia la derecha. El primer botón, sin embargo, es sólo para la pantalla de inicio, donde puedes ver noticias sobre el software, proyectos de muestra, llamar a proyectos guardados y crear nuevos proyectos.

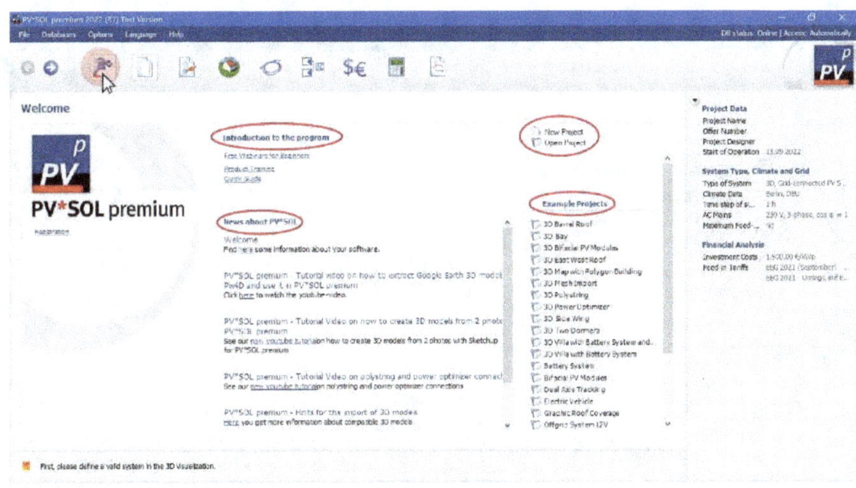

Por lo tanto, empezamos con el segundo botón. Aquí podemos introducir un nombre de proyecto y una descripción del mismo. Sin embargo, en este caso no necesitamos los datos del cliente ni el número de la oferta.

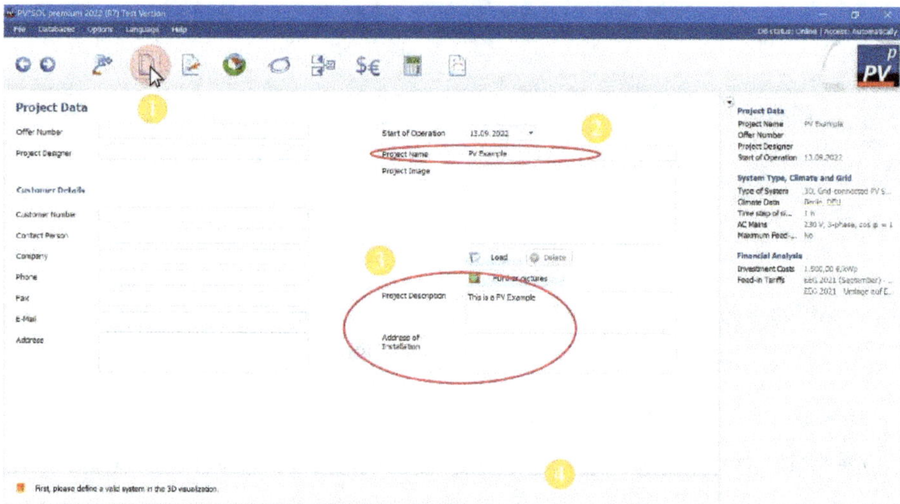

Luego pasamos al tercer botón. Aquí podemos establecer el tipo de sistema, introducir información sobre la ubicación y la red eléctrica.

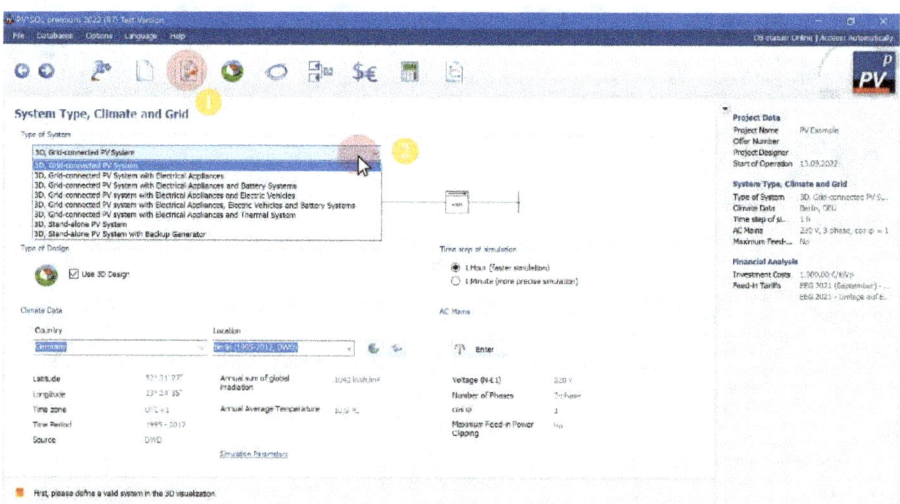

Por ejemplo, seleccionamos un sistema fotovoltaico conectado a la red con aparatos eléctricos conectados (consumidores), es decir, el tipo "3D, Grid-connected PV-System with Electrical Appliances" en el menú desplegable. Si también queremos el almacenamiento en batería, seleccionaríamos la misma opción añadiendo "... and Battery Systems".

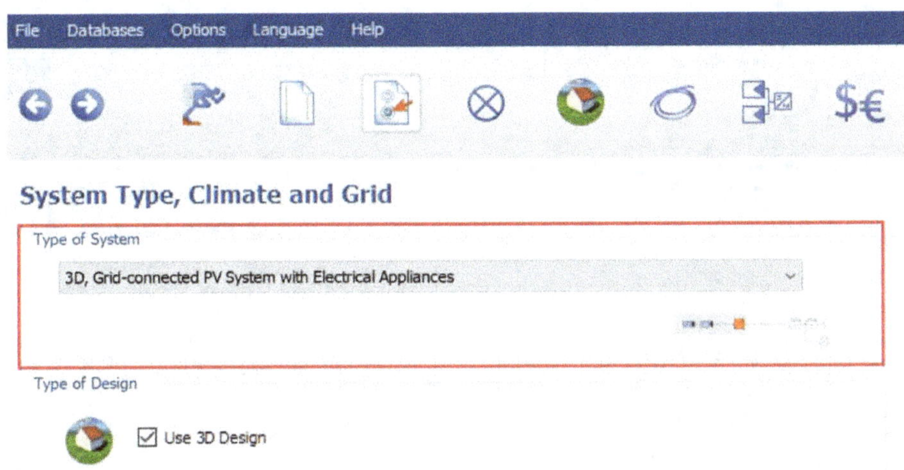

En la parte inferior, añadimos el país y la ubicación **(1) de** la instalación fotovoltaica y comprobamos en la parte derecha **(2)** si la información sobre la red eléctrica es correcta. Si los datos no son correctos, podemos editarlos haciendo clic en "Enter".

En el siguiente paso **(1)** tenemos que introducir nuestro consumo de electricidad. Para ello, hacemos clic en el menú desplegable "Add consumption" **(2)** y seleccionamos la opción "Load profiles / individual appliances". En la zona de la derecha (enmarcada en rojo), se muestran las entradas anteriores o los valores del marcador de posición de nuestro proyecto para todos los pasos.

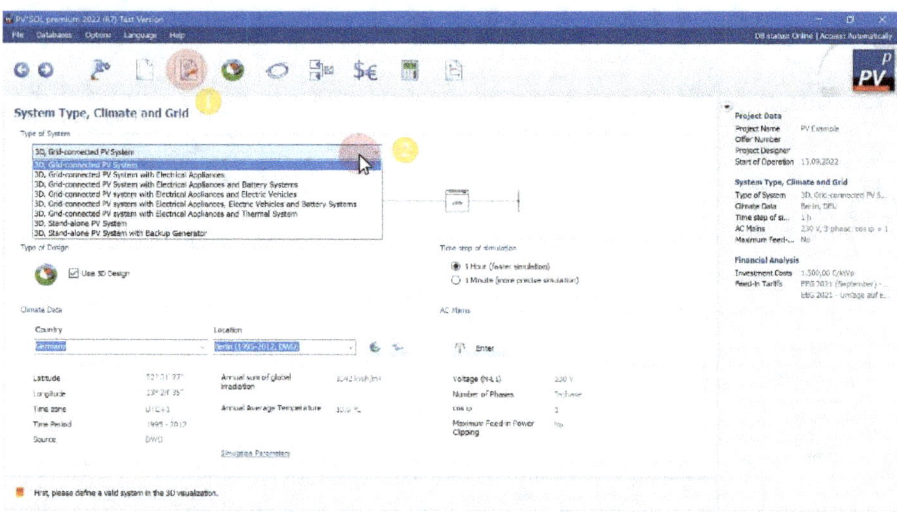

Se abre entonces una ventana en la que seleccionamos el escenario que mejor describe nuestro hogar, por ejemplo, un hogar con 2 adultos y 2 niños **(2), en la** opción "Load profiles (from measured values)" **(1).**

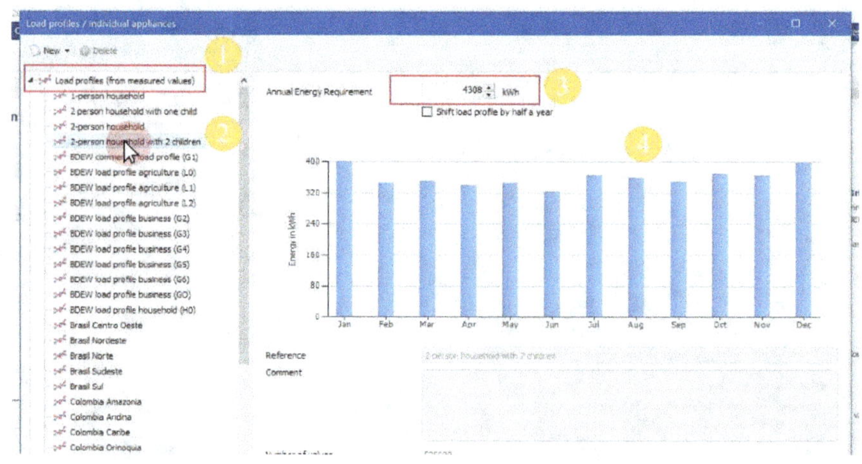

En el campo "Annual Energy Requirement" se introduce un valor estándar, que podemos sustituir por el valor que hayamos leído o calculado para nuestra propia casa en función de la factura de la luz. El programa divide este consumo anual -en función del perfil de carga- como se muestra en el gráfico de barras **(4)**. En nuestro caso, por ejemplo, dejamos los 4308 kWh.

En el siguiente paso, plasmamos el diseño de nuestra casa y del sistema fotovoltaico. Para ello, creamos una visualización en 3D haciendo clic en el botón "Edit".

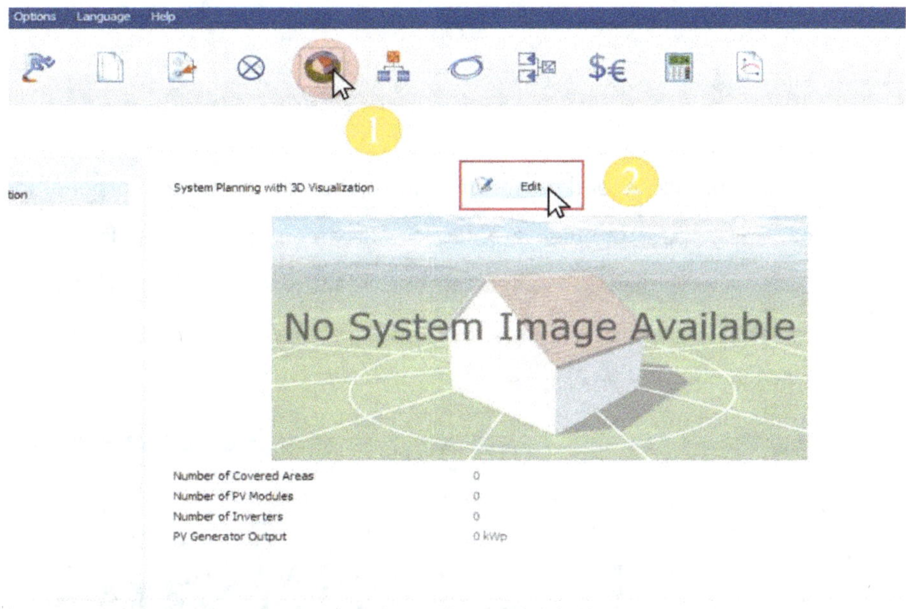

Se abre una ventana en la que podemos seleccionar la casa o la ubicación del sistema fotovoltaico. En nuestro caso, debería ser un tejado a dos aguas, por ejemplo. Por lo tanto, seleccionamos la opción "Gabled Roof". Por supuesto, también puedes seleccionar otra forma de techo o una zona abierta. Tras la selección, hacemos clic en "Start" para iniciar la visualización en 3D.

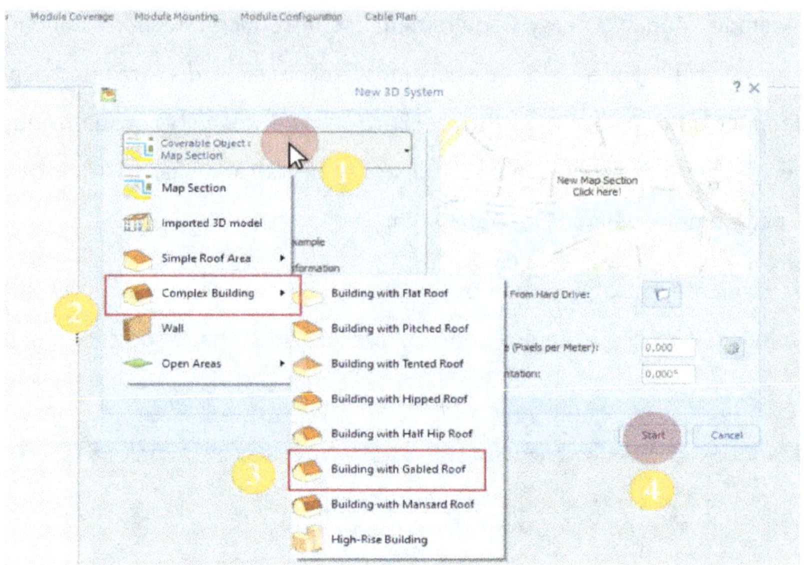

En la visualización 3D obtenemos el modelo de nuestra casa. Incluso podemos añadir más casas, pero también árboles, o muros con los botones de la zona superior para que la planificación sea lo más realista posible. Sólo tienes que arrastrar y soltar los elementos deseados en el área de visualización. En este caso, sin embargo, suponemos una casa independiente.

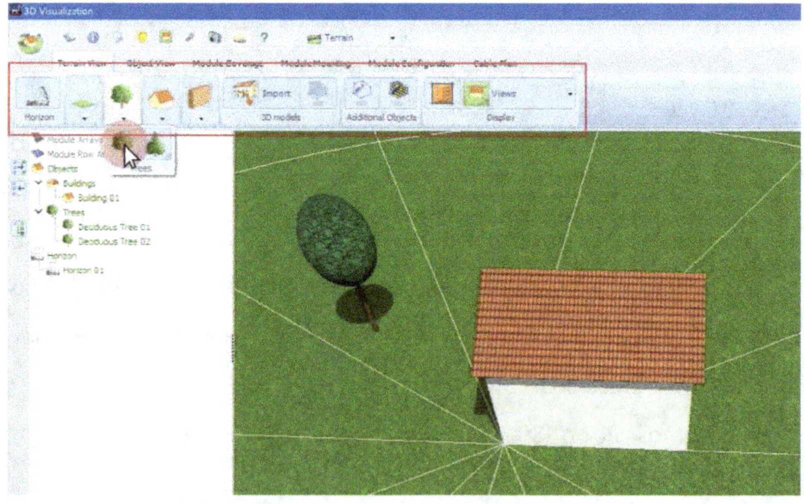

Haciendo clic con el botón derecho del ratón en la casa y seleccionando la opción "Edit" podemos ajustar la huella de la casa o la superficie del tejado y la inclinación del mismo.

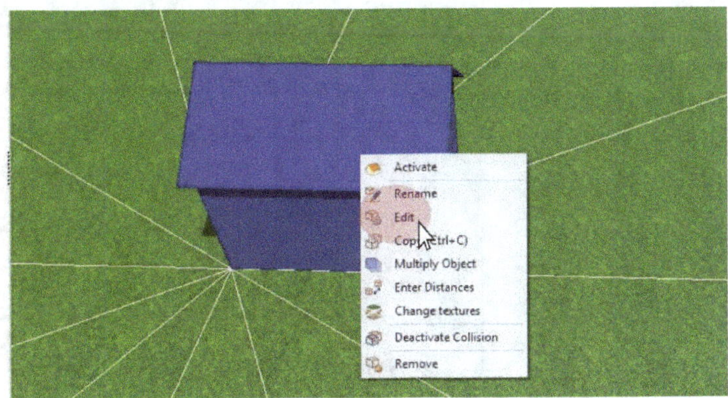

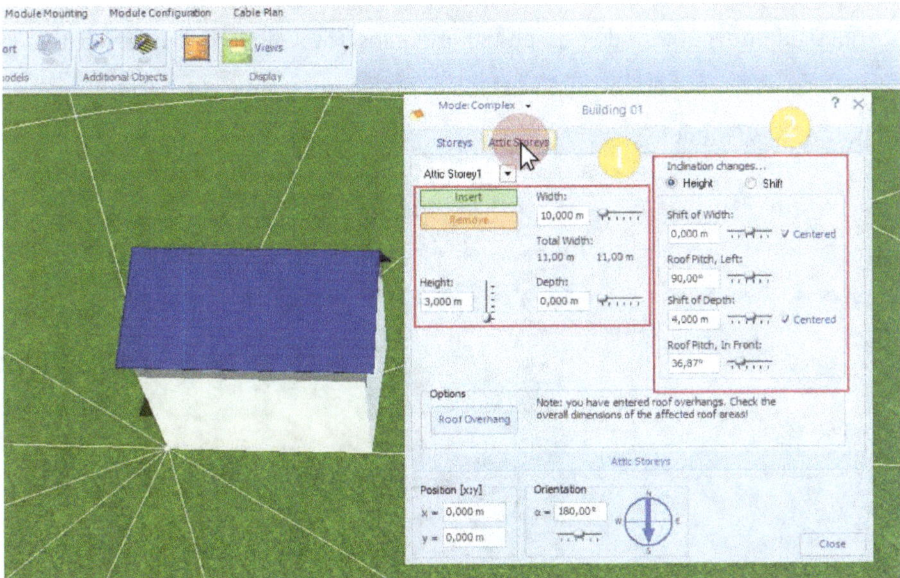

Con un clic en el botón "Close" cerramos de nuevo los ajustes.

Seleccionando el botón "Object View" en la zona superior, puedes hacer zoom directamente sobre la superficie del tejado y añadir elementos del mismo, como chimeneas, claraboyas, etc. En este caso también prescindiremos de estos objetos.

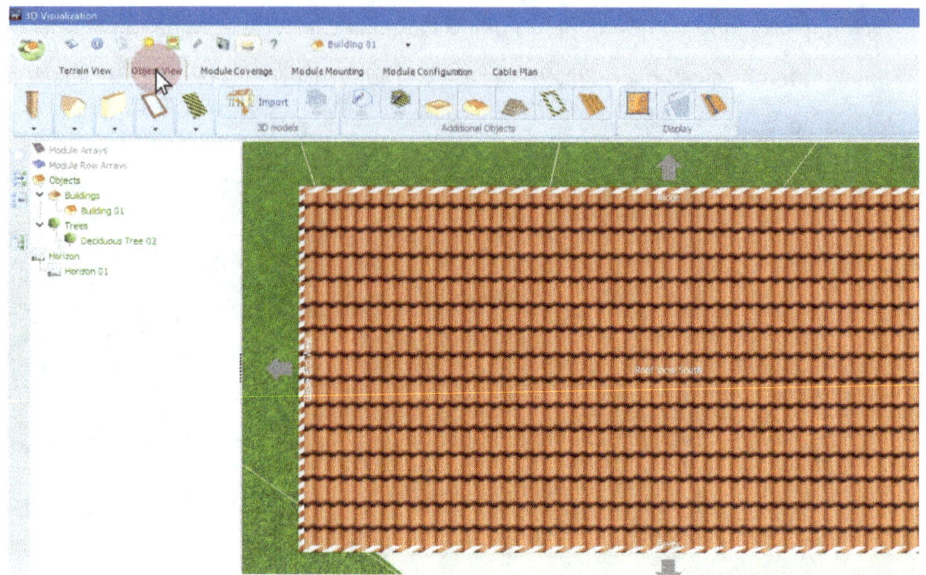

En el siguiente paso podemos añadir módulos fotovoltaicos a nuestro tejado virtual. Lo hacemos seleccionando el menú "Module Coverage" y haciendo clic en el botón "New Module".

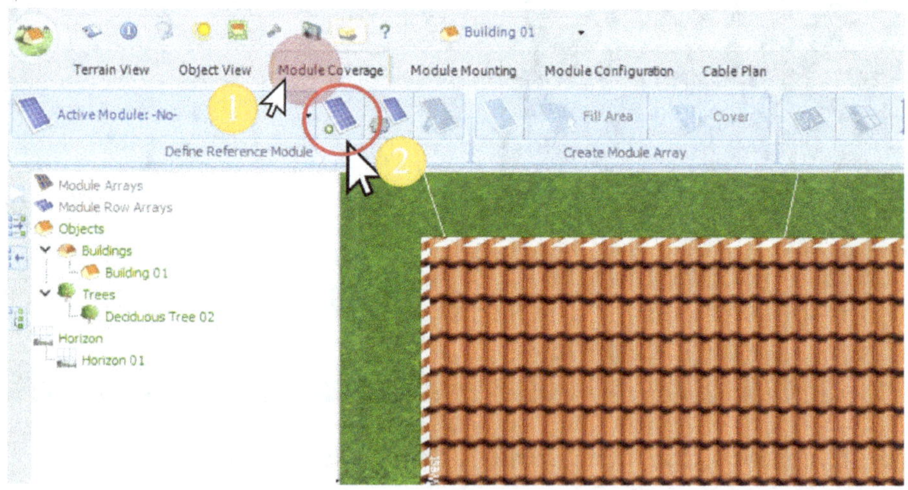

Se abre una ventana en la que podemos seleccionar el módulo fotovoltaico deseado de una base de datos de varios fabricantes (enmarcada en rojo). En este caso, sin embargo, simplemente seleccionamos un módulo fotovoltaico estándar monocristalino de 200 Wp.

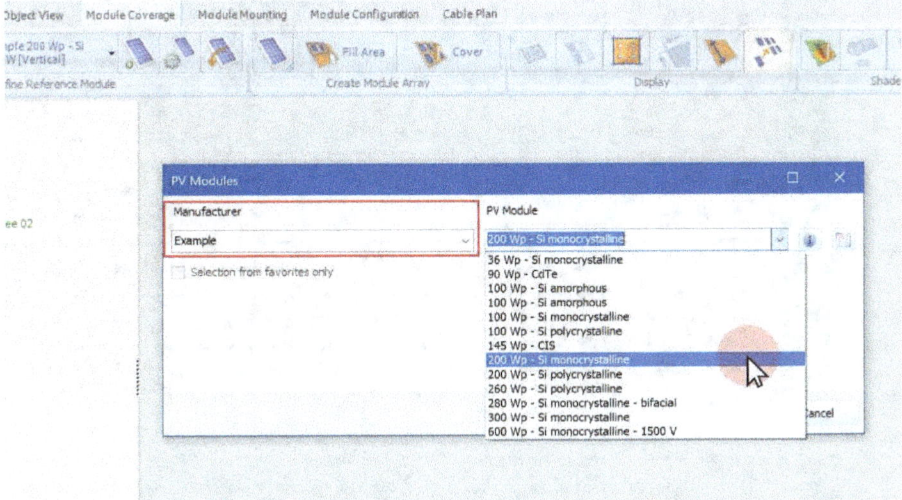

Como ahora queremos utilizar toda la superficie del tejado para generar la mayor cantidad de electricidad posible (autoconsumo + excedente de alimentación), podemos seleccionar el botón "Fill Area" y utilizar el ratón del PC para dibujar un área en la que queremos colocar los módulos fotovoltaicos (por ejemplo, todo el tejado). Sin embargo, antes debemos establecer las distancias entre los módulos (aquí simplemente dejamos los parámetros estándar) y seleccionar el "Installation Type", por ejemplo la opción "Flush Mount – good rear ventilation".

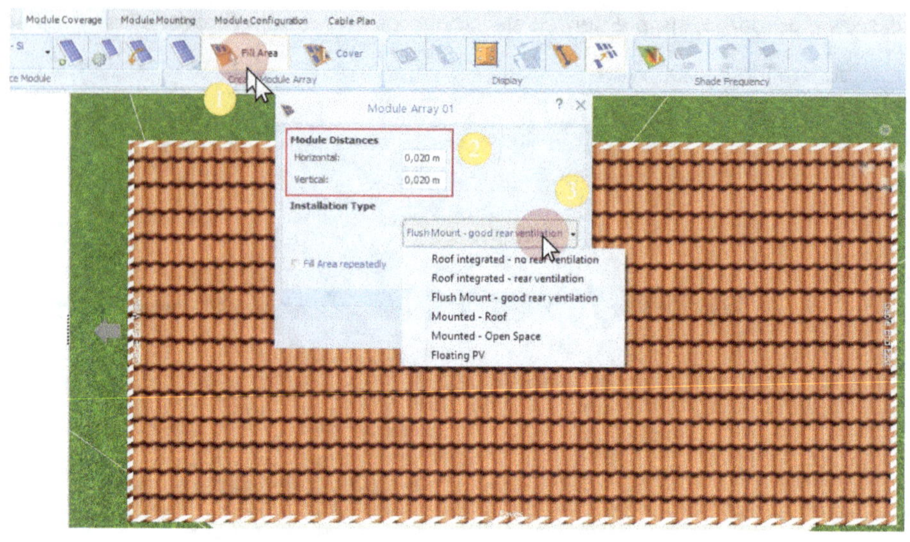

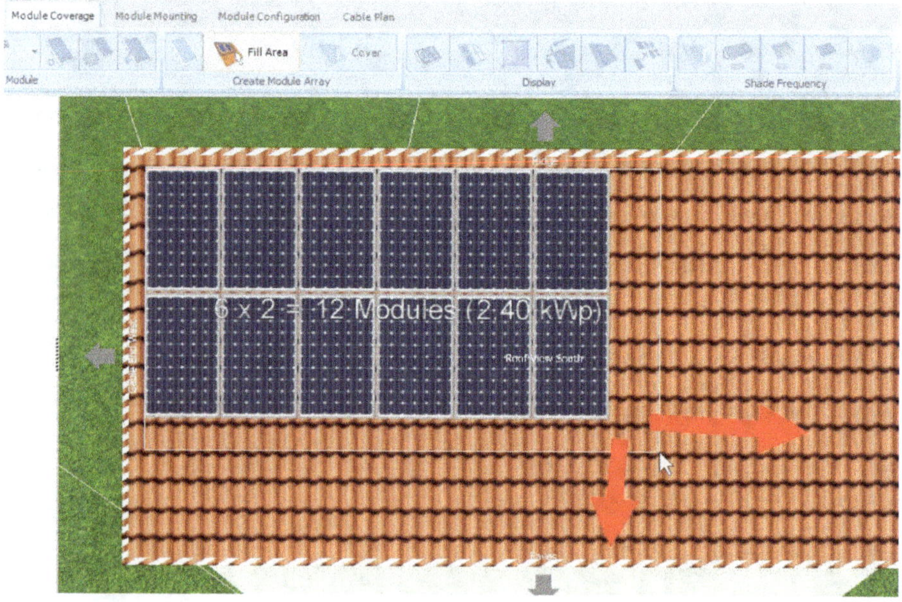

A continuación, confirmamos con "Ok" para que se coloque el conjunto fotovoltaico:

A continuación, podemos planificar el montaje de los módulos haciendo clic en "Module Mounting". Sin embargo, en este ejemplo nos saltaremos este paso. En el siguiente paso, configuramos el cableado y seleccionamos el inversor fotovoltaico. Podemos hacerlo pulsando el botón "Module Configuration" **(1)**. **A** continuación, seleccionamos el botón "Configure all Unconfigured Modules in this mounting surface" **(2) en** esta zona para poder seleccionar un inversor para los módulos FV.

Para ello, seleccionamos el botón "Inverter-Selection" en la ventana que se abre.

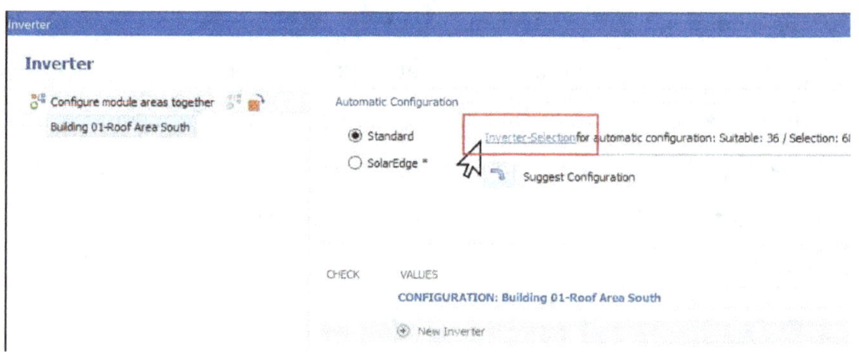

Se abre otra ventana. Aquí seleccionamos primero un fabricante preferido, por ejemplo la empresa "SMA Solar Technology AG" **(1)** y luego seleccionamos todos los tipos de inversores de la empresa de la base de datos para comprobarlos **(2).**

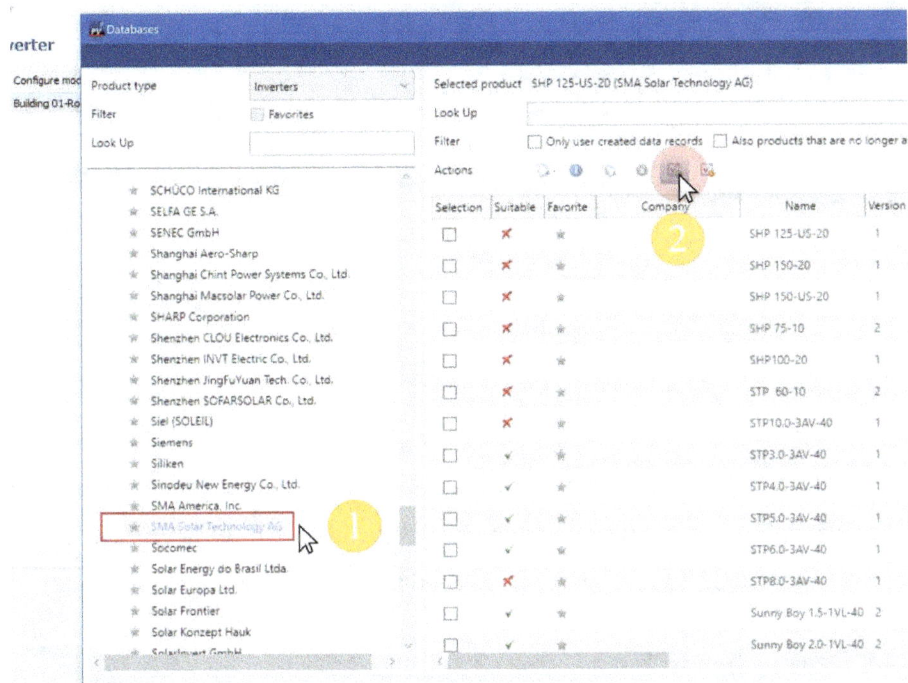

A continuación, cerramos esta ventana haciendo clic en el botón "Select".

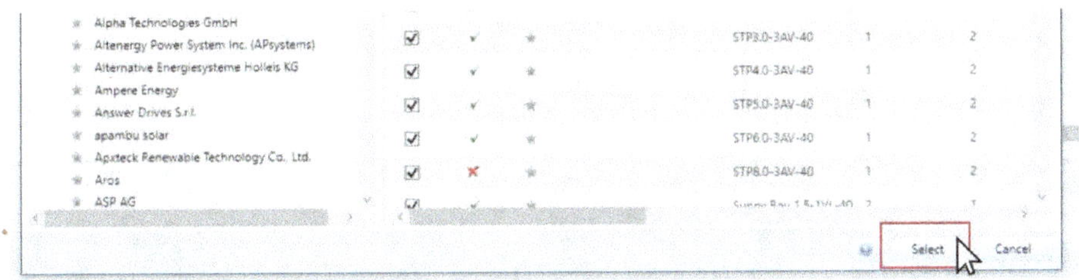

A continuación, hacemos clic en "Suggest Configuration" **(1)** para que el programa seleccione automáticamente la conexión ideal y el inversor ideal de la empresa "SMA AG" entre las muchas posibilidades. Tras un breve cálculo, vemos el resultado en la zona inferior **(2)**. Haciendo clic en "Select Configuration" también podemos seleccionar la configuración manualmente entre un gran número de posibilidades calculadas.

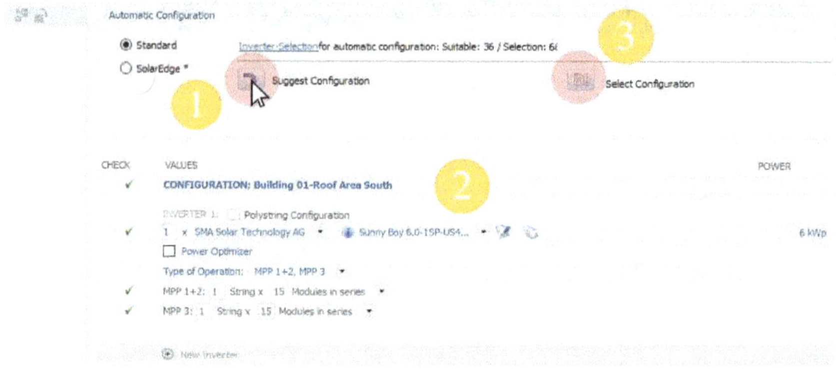

Si queremos seleccionar una configuración manualmente, tendríamos que hacer clic en el botón "Start" **(1)** después de "Select Configuration" en la ventana que se abre y entonces se mostrarían todas las configuraciones posibles en la zona **(2)**.

Sin embargo, cerramos esta ventana con el botón "Cancel" y nos quedamos con nuestra configuración generada automáticamente. Aquí podemos comprobar la selección automática haciendo clic en una de las marcas de verificación o en el botón "Check System" en la zona inferior.

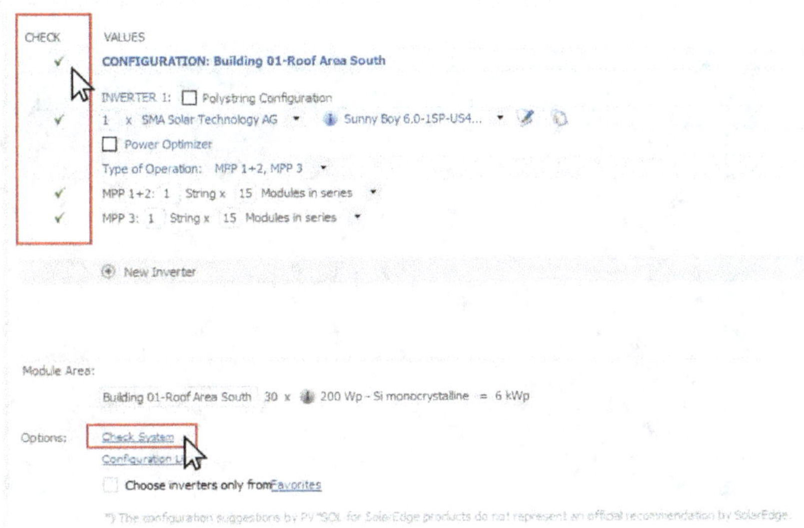

En la siguiente ventana, podemos comprobar que el inversor está diseñado con suficiente tamaño y que todos los valores permanecen en el rango verde.

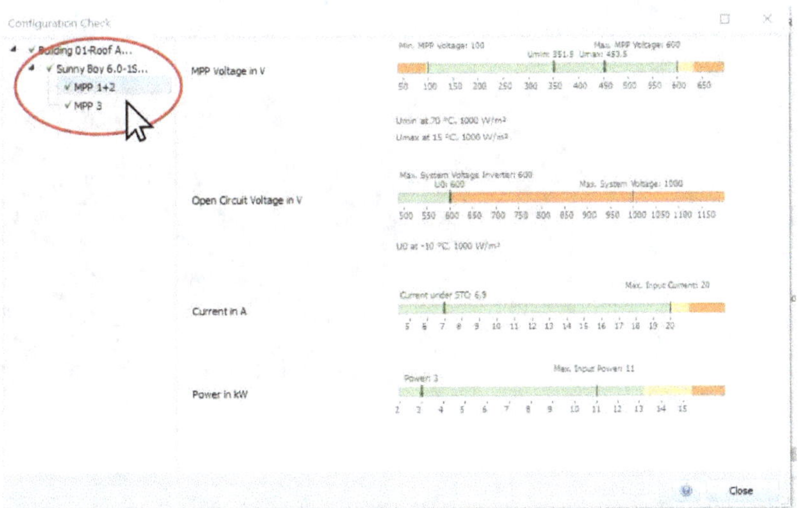

Con el botón "Close" volvemos a la ventana inicial.

Aquí confirmamos con el botón "Ok" en la zona inferior. Ahora se muestra la división de los módulos en dos "Strings" conectados en serie por seguidor MPP del inversor (rojo y naranja):

Con la última opción del menú "Cable Plan" podemos visualizar el cableado de los módulos fotovoltaicos o planificar el cableado posterior hasta la casa.

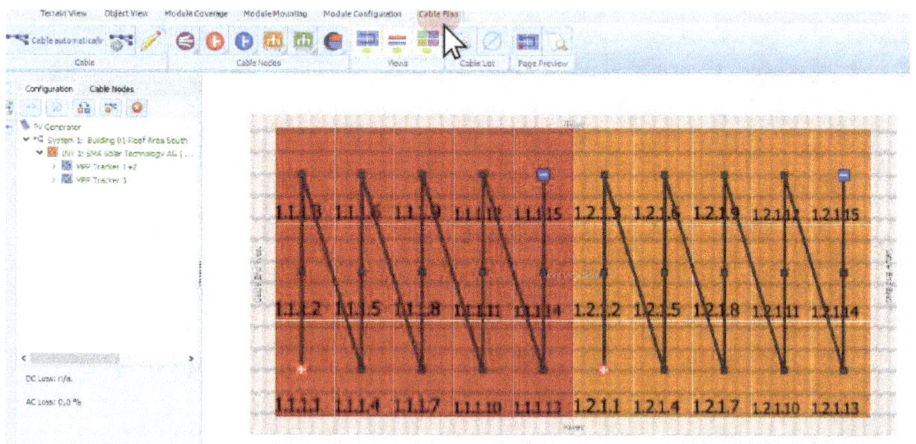

Entonces hemos terminado con la visualización 3D, podemos volver a la vista "Terrain View" y luego cerrar la ventana. Es importante que ahora seleccionemos en la siguiente ventana emergente que los datos se transfieran a "PV*SOL" para que no se pierda el trabajo anterior.

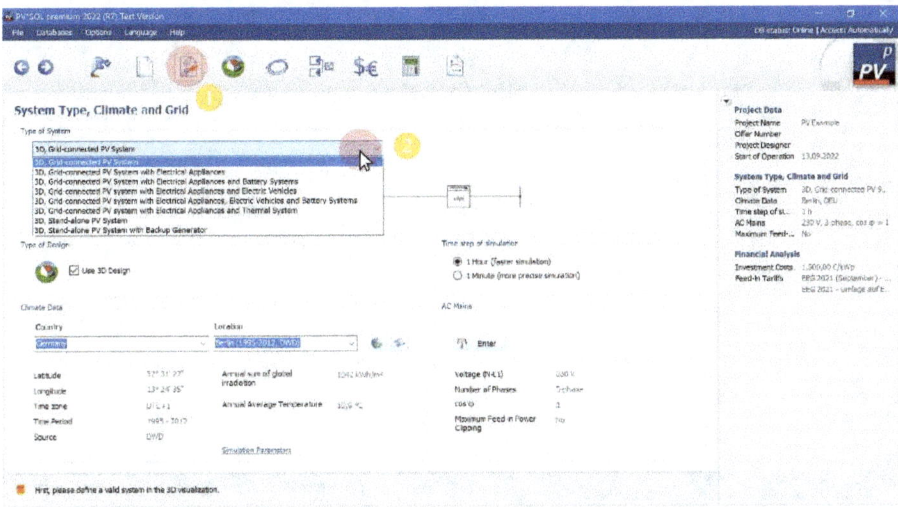

A continuación, se nos pregunta si queremos realizar un análisis en la sombra. Esto tiene sentido en general, pero en nuestro caso no tenemos ningún elemento que pueda crear una sombra, por lo que podemos seleccionar la opción "Ignore Shading".

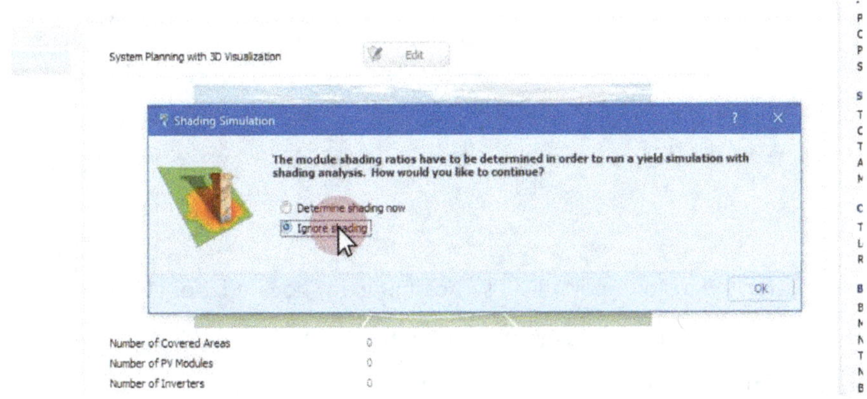

En la sección "Cables" podemos entonces crear el esquema de cableado final de nuestro sistema fotovoltaico, es decir, añadir un contador solar, fusibles, etc.

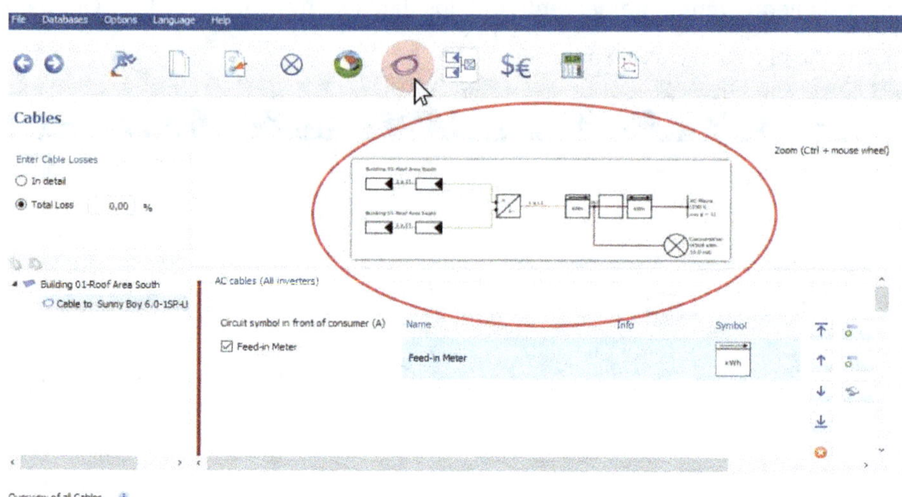

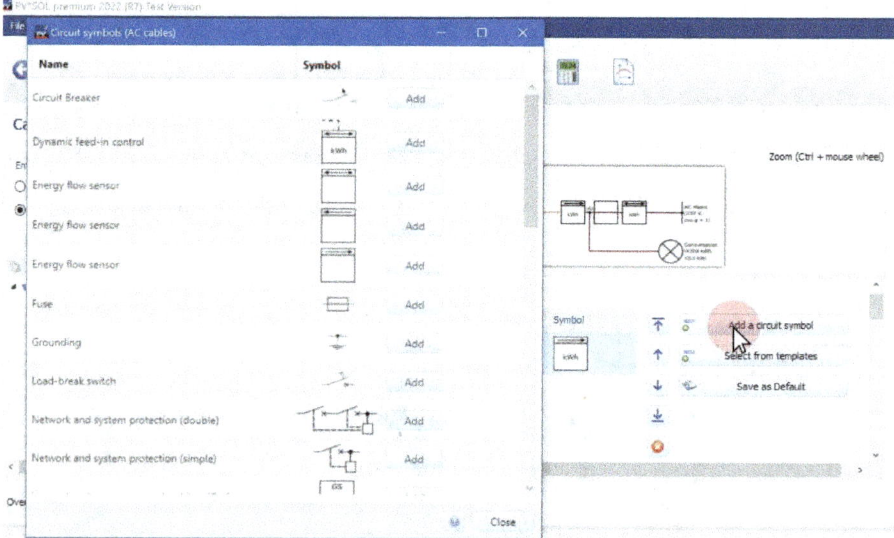

En la sección "Plans and parts list" se nos muestra, por un lado, el esquema final del circuito y, por otro, se enumeran los componentes necesarios en una lista de piezas haciendo clic en "Parts list".

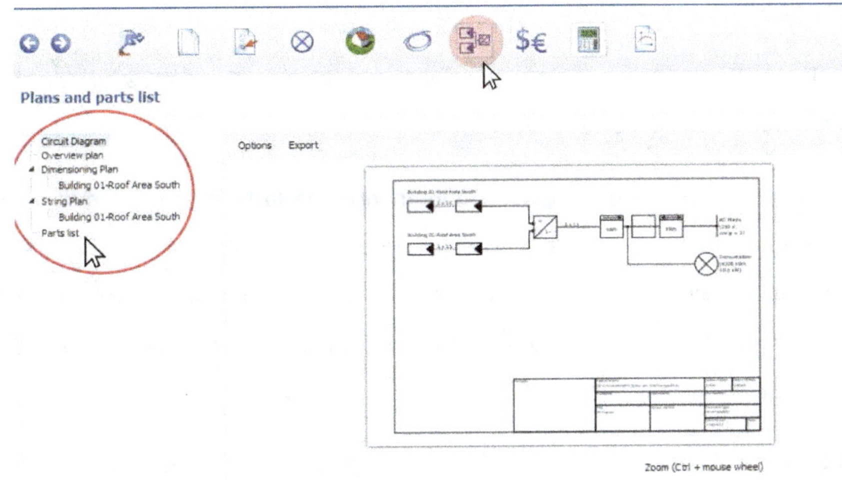

En este ejemplo omitimos el análisis económico (botón "Financial Analysis"). Te invitamos a que lo pruebes tú mismo. Como último paso, preferimos mostrar los resultados con el botón "Results". Después de un cálculo, vemos la energía fotovoltaica producida, el uso propio y la inyección a la red claramente visualizados en el transcurso del mes, dependiendo de la selección del gráfico.

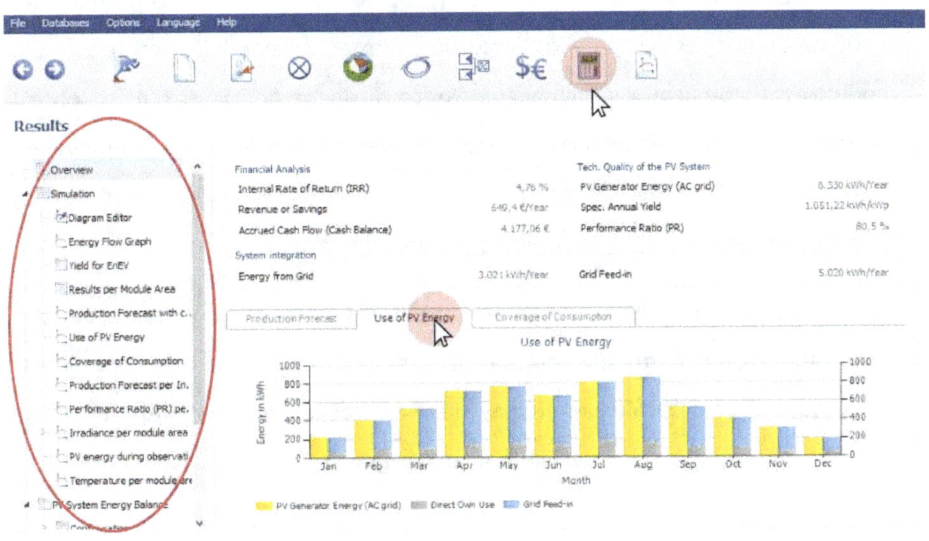

Palabras finales

¡Excelente! Lo has conseguido. Enhorabuena si has llegado hasta aquí. Con este capítulo termina el libro de la fotovoltaica.

En este libro hemos explorado los fundamentos de la tecnología fotovoltaica y hemos aprendido a planificar e instalar un sistema fotovoltaico tanto en la red como fuera de ella, con o sin almacenamiento en baterías. Ahora es el momento de planificar tu propio sistema fotovoltaico para tu casa, caseta de jardín, Tiny House, autocaravana, garaje, taller, coche, camping, ...

Si todavía no estás seguro de algunos puntos, siempre debes pedir ayuda profesional a un electricista para tu proyecto individual.

Sin embargo, a estas alturas ya deberías dominar lo básico en cualquier caso. En este libro hemos aprendido, por ejemplo, qué significan las siglas Wp, si debes elegir módulos fotovoltaicos monocristalinos o policristalinos, por qué necesitas un inversor y cómo elegirlo. También pensamos en cómo montar los módulos fotovoltaicos y aprendimos a añadir el almacenamiento en batería a un sistema fotovoltaico de dos maneras diferentes (acoplado a la corriente continua o a la corriente alterna). También estudiamos la conexión en paralelo y en serie de los módulos fotovoltaicos y el almacenamiento de la batería y su efecto sobre la corriente y la tensión y muchos otros detalles paso a paso. ¡Así que hemos cubierto bastante! Asegúrate de echar un vistazo a las últimas páginas para encontrar libros sobre temas similares (por ejemplo, ingeniería eléctrica).

Si te ha gustado este libro, personalmente me gustaría mucho que me dejaras una valoración y un breve comentario, además de recomendar el libro. Sobre todo, una calificación también ayudará a otras partes interesadas en su decisión. ¡Muchas gracias!

Libros sobre temas que también podrían gustarle

Todos los libros están disponibles en línea en las plataformas de venta habituales. Sólo tiene que buscar el título o visitar mi página de autor. Es posible que algunos de los libros aún no se hayan publicado y estén disponibles en breve. Eche un vistazo a los libros de su elección y lléveselos a casa como libros electrónicos o de bolsillo.

Impresión en 3D:

CAD, FEM, CAM (creación de objetos 3D, diseño, simulación):

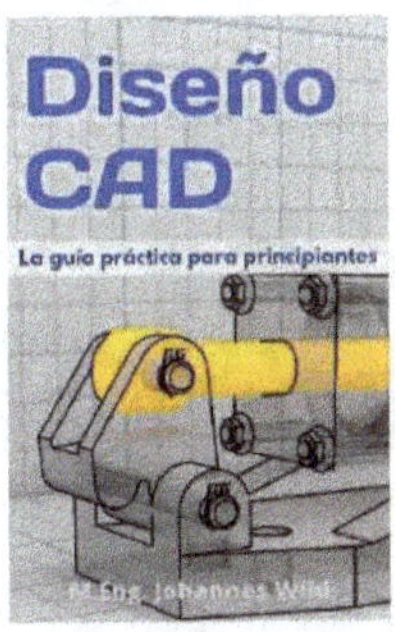

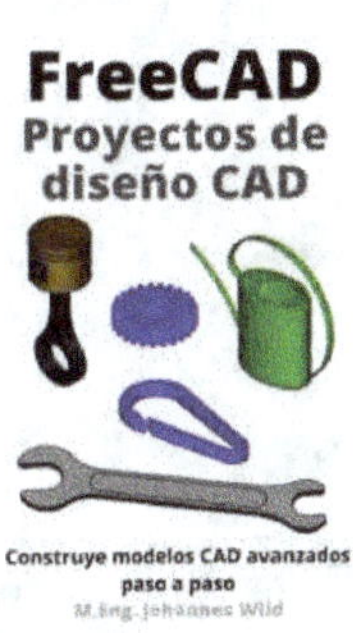

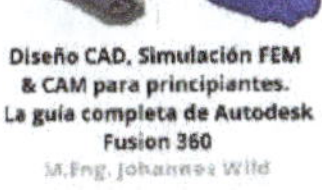

Ingeniería eléctrica:

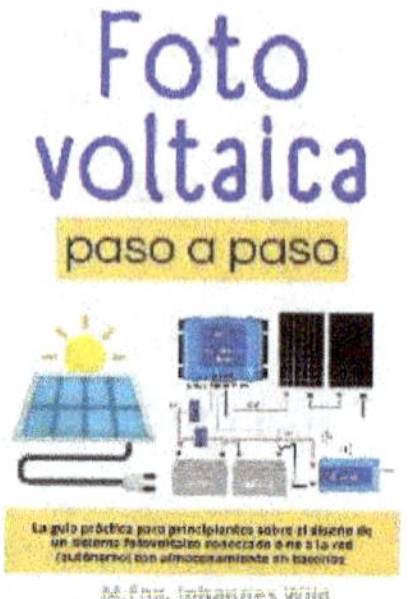
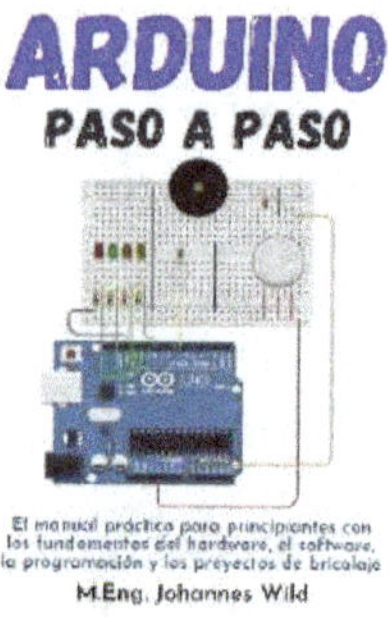

Programación y otros programas:

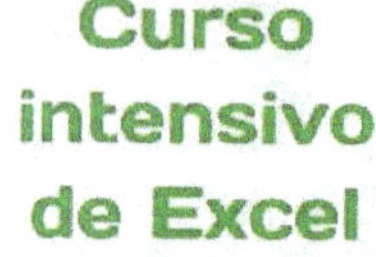

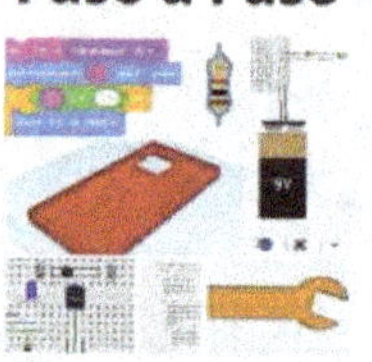
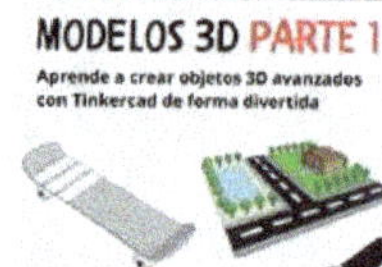

Información sobre el autor / editor

© 2023

Johannes Wild
c/o RA Matutis
Berliner Straße 57
14467 Potsdam
Germany

E-Mail: 3dtech@gmx.de

Esta obra está protegida por los derechos de autor

La obra, incluidas sus partes, está protegida por los derechos de autor. Cualquier uso fuera de los estrechos límites de la ley de derechos de autor no está permitido sin el consentimiento del autor. Esto se aplica en particular a la reproducción electrónica o de otro tipo, la traducción, la distribución y la puesta a disposición del público. Ninguna parte de esta obra puede ser reproducida, procesada o distribuida sin el permiso escrito del autor.

Toda la información contenida en este libro ha sido recopilada y comprobada cuidadosamente según nuestro leal saber y entender. Sin embargo, este libro tiene sólo fines educativos y no constituye una recomendación para la acción. En particular, el autor y el editor no ofrecen ninguna garantía ni responsabilidad por el uso o la no utilización de la información contenida en este libro. Las marcas y nombres comunes citados en este libro son propiedad exclusiva del autor o del titular de los derechos respectivos.

www.ingramcontent.com/pod-product-compliance
Lightning Source LLC
LaVergne TN
LVHW021319200726
843509LV00002B/75